高职高专示范院校建设规划教材

传热设备结构与维护

张　丽　主编

任小鸿　王　充　副主编

吴　红　主审

化学工业出版社

·北京·

本书以常用传热设备维护和检修能力形成为主线，把相关知识和技能有机地融合为一个整体，形成五个模块（章），即绪论、传热基础、管壳式换热器、板面式换热器、干燥设备。每个模块都通过"观察与思考"引出问题，以"问题为中心"进行综合化。

　　本书可作为化工机械类相关专业（化工装备技术、化工设备维修技术、化工设备与机械）的高等职业教育教材，也可作为成人教育和职工培训教材，还适用于从事化工机械专业的工程技术人员阅读参考。

图书在版编目（CIP）数据

传热设备结构与维护/张丽主编． —北京：化学工业出版社，
2014.8（2019.8重印）
高职高专示范院校建设规划教材
ISBN 978-7-122-20960-3

Ⅰ．①传⋯　Ⅱ．①张⋯　Ⅲ．①换热器-结构-教材②换热器-
维修-教材　Ⅳ．①TK172

中国版本图书馆 CIP 数据核字（2014）第 130499 号

责任编辑：高　钰　　　　　　　　　文字编辑：项　潋
责任校对：边　涛　　　　　　　　　装帧设计：刘丽华

出版发行：化学工业出版社（北京市东城区青年湖南街 13 号　邮政编码 100011）
印　　装：北京科印技术咨询服务公司海淀数码印刷分部
787mm×1092mm　1/16　印张 7¾　字数 186 千字　2019 年 8 月北京第 1 版第 2 次印刷

购书咨询：010-64518888　　　　　　售后服务：010-64518899
网　　址：http://www.cip.com.cn
凡购买本书，如有缺损质量问题，本社销售中心负责调换。

定　　价：25.00 元

高职高专示范院校建设规划教材

编委会

　　高等职业教育是以就业为导向的教育，以培养学生职业岗位或行业技术需要的综合职业能力为主要目标，课程体系的改革应坚持"以能力为本位，以就业为导向"的高等职业教育办学思想，课程内容的知识选择应紧紧围绕能力要求进行组织。因此，以化工装备为载体，以典型化工装备维护能力培养为导向，以化工装备的构造、原理、基本故障诊断和维修为主线构建一门课程，形成了机械结构设计与维护、化工容器结构与制造、传热设备结构与维护、塔设备结构与维护、反应设备结构与维护、流体机械结构与维护及分离机械结构与维护等课程组成的"化工装备技术（化工设备维修技术、化工设备与机械）"专业核心课程体系。

　　本教材以常用传热设备维护和检修能力形成为主线，把相关知识和技能有机地融合为一个整体，形成五个模块（章）。每个模块都通过"观察与思考"引出问题，以"问题为中心"进行综合化。

　　本书在编写过程中，充分考虑高职高专化工装备技术专业的特点，突出实用性，理论推导从简，直接切入应用主题；力求做到基本概念阐述清晰，内容精炼、浅显易懂；从读者的认识规律出发，深入浅出，循序渐进，注重素质与能力的提高；编写人员来自教学和生产一线，具有丰富的教学和实践经验，实现了课程标准与职业标准的融合；引导学生认识和理解相关标准、规范，培养运用标准、规范、手册、图册等有关技术资料的能力。

　　本书的第一章、第三章由张丽编写，第二章由任小鸿编写，第四章由四川泸天化股份有限公司李和春编写，第五章由王充编写。全书由张丽担任主编并统稿，任小鸿、王充担任副主编，吴红担任主审。

　　本书编写过程中得到了四川泸天化股份有限公司、四川科新机电有限公司、四川天华股份有限公司的帮助与支持，在此对他们的无私相助表示衷心的感谢。

　　由于编者水平所限，不足之处诚恳希望同行专家及读者批评指正。

编者

2014 年 4 月

CONTENTS

目　录

第五章　干燥设备 　86

第一章

绪　论

● 知识目标

　　了解化学工业的生产过程，了解传热设备在化工生产中的应用情况，了解本课程的学习内容和任务，掌握传热设备的分类和作用原理。

● 能力目标

　　根据传热设备的结构，能初步识别传热设备的类型。

● 观察与思考

　　• 日常生活中，我们衣食住行都离不开热量传递，请根据观察到的热量传递现象，解释热量传递所用到的设备有哪些，是如何实现热量传递的？

　　• 仔细观察图 1-1 所示的四个换热器外形图，各换热器的外壳有什么区别？内部结构及工作原理会是一样的吗？它们各自适用于什么场合？换热器常用的材料有哪些？

(a) 固定管板式换热器

(b) 板式换热器

(c) U形管式换热器

(d) 套管式换热器

图 1-1　换热器外形图

第一节 传热设备的应用

一、传热设备的应用

化工生产中，绝大多数的工艺过程都有加热、冷却、汽化和冷凝的过程，这些过程总称为传热过程。例如，化学反应通常都是在一定温度下进行的，为此就需要向反应器输入或者移出热量以使其达到一定温度；又如蒸发、干燥等单元操作中也要向相应的设备输入或者移走热量；此外，化工设备的保温，生产过程中热能的合理利用以及废热的回收等都涉及传热问题。传热过程需要通过一定的设备来完成，这些使传热过程得以实现的设备称为传热设备。

传热设备是非常重要且被广泛应用的化工工艺设备。例如在日产千吨的合成氨厂中，各种传热设备约占全厂设备总台数的40%。近年来随着节能技术的发展，应用领域不断扩大，利用换热器进行高温和低温热能回收带来了显著的经济效益。例如，烟道气（200～300℃）、高炉炉气（约1500℃）、需要冷却的化学反应工艺气（300～1000℃）等的余热，通过余热锅炉可生产压力蒸汽，作为供热、供汽、发电和动力的辅助能源，从而提高热能的总利用率，降低燃料消耗和电能，提高工业生产经济效益。在化工生产中，传热设备有时还作为其他设备的一个组成部分出现，如蒸馏塔的再沸器、氨合成炉中的内部换热器等。传热设备不仅应用在化工生产中，而且在轻工、动力、食品、冶金等行业也有广泛的应用，在生产中占有重要地位。

二、化工生产对传热设备的要求

为了使传热设备高效经济地运行，更好地服务于生产，一台完善的传热设备，除了要求它满足特定的工艺外，还应满足以下基本要求。

① 热量能有效地从一种流体传递到另一种流体，即传热效率高，单位传热面上能传递的热量要多。在一定的热负荷下，即每小时要求传递热量一定时，传热效率越高，需要的传热面积越小。

② 传热设备的结构能适应所规定的工艺操作条件，运转安全可靠，密封性好，清洗、检修方便，流体阻力小。

③ 价格便宜，维护容易，使用时间长。在化工生产中所使用的传热设备往往需要频繁清洗和检修，停车的时间多，造成的经济损失有时会比传热设备本身价格更高。因此，如果传热能够设计得合理，可以保证连续运转时间长，同时能减少功率消耗，即使传热设备本身价格略高一些，但总的经济核算也可能是有利的。

很显然，在设计和选用传热设备的时候，要同时满足上述要求是很难的。所以，应根据不同的应用场合，综合评定各种性能指标，以使最终选定的方案达到整体目标最优。

第二节 传热设备的类型

一、传热设备的分类

在工业生产中，由于生产的目的和要求不同，传热设备的种类也多种多样，特别是耗能较大的领域，随着节能技术的飞速发展，适用于不同场合的传热设备其结构和形式也不相同，传热设备种类随新型、高效传热设备的开发也在不断更新。常用分类方法如下。

1. 按照作用原理或传热方式分类

传热设备根据热量传递方法的不同，可以分为直接接触式、蓄热式、间壁式和中间载热体式换热器四大类。

（1）直接接触式换热器　又称混合式换热器，如图1-2所示。常见的设备有凉水塔（图1-3）、洗涤塔、喷射式冷凝器和文氏管等。冷流体和热流体在进入换热器后直接接触传递热量。为增加两流体的接触面积，以达到充分换热，常在设备中放置填料和栅板，通常采用塔状结构。直接接触式换热器具有传热效率高、结构简单、价格便宜等优点，但只适用于工艺上允许两种流体混合的场合。

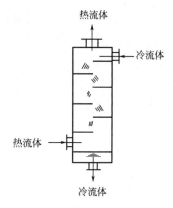

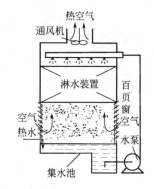

图1-2　直接接触式换热器　　　　　　　　图1-3　凉水塔

（2）蓄热式换热器　又称回热式换热器，如图1-4所示。它是借助于由固体（如多孔性格子砖或固体填料，有时用金属波形带等）构成的蓄热体与热流体和冷流体交替接触，把热量从热流体传递给冷流体的换热器。在换热器内，温度不同的两种流体先后交替地通过蓄热室，高温流体将热量传给蓄热体，然后蓄热体又将这部分热量传给随后进入的低温流体，从而实现间接的传热过程。为了使生产连续进行，必然要成对使用，即当一个通过高温流体时，另一个则通过低温流体，并靠自动阀进行交替切换，使生产得以连续进行。由于两种流体先后交替通过同一蓄热体，不可避免地会使两种流体有少量混合，造成流体的"污染"，因此不能用于两种流体不允许混合的场合。

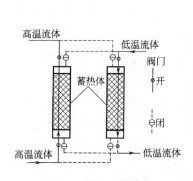

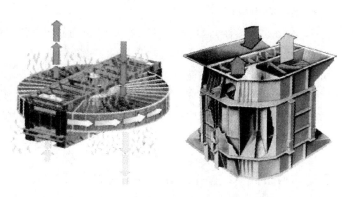

图1-4　蓄热式换热器　　　　　　　　图1-5　回转式空气预热器

　　蓄热式换热器结构简单紧凑、价格便宜、单位体积传热面积大、可耐高温，故较适合用于气-气热交换的场合。主要用于石油、化工生产中的原料气转化、高温气体的冷却或空气余热回收等，图1-5所示的利用锅炉的尾气加热空气的回转式空气预热器就是一种蓄热式换热器。

　　（3）间壁式换热器　又称表面式换热器，如图1-6所示的换热器，原理是冷热两种介质通过金属或非金属固体壁面进行热量的传递。冷热两种流体之间因有器壁分开，故互不接触，适用于两流体在换热器中不允许混合的场合。间壁式换热器是工业中应用最广泛的换热器，形式多种多样，如常见的管壳式换热器和板式换热器就属于此类换热器。

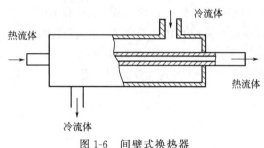

图1-6　间壁式换热器

　　（4）中间载热体式换热器　这类换热器是把两个间壁式换热器由其中循环的载热体连接起来的换热器。载热体在高温流体换热器中和低温流体换热器之间循环，在高温流体换热器中吸收热量，在低温流体换热器中把热量释放给低温流体，如图1-7所示的热管式换热器，这种换热器的主要传热元件是热管，如图1-8所示，依靠载热体的蒸发和冷凝来实现冷热流体热量的交换。

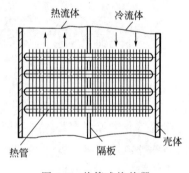

图1-7　热管式换热器

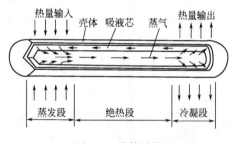

图1-8　热管结构

2. 按照换热器传热面的形状和结构分类

　　（1）管式换热器　管式换热器通过管子壁面进行传热，按照传热管的结构形式不同，可分为管壳式换热器、蛇管式换热器、套管式换热器、双重管式换热器等几种。其中管壳式换热器应用最广。

　　① 管壳式换热器　管壳式换热器又称为列管式换热器，是一种通用的标准换热设备。它的基本结构是在圆筒形壳体中放置了由许多管子组成的管束，管子的两端（或一端）固定在管板上，管子的轴线与壳体的轴线平行，如图1-9所示。两种流体分别走管内和管外，通过管壁实现热量的交换。

　　② 蛇管式换热器　蛇管式换热器是管式换热器中结构最简单、操作最方便的一种换热设

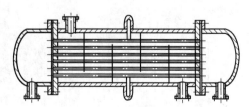

图1-9　管壳式换热器

备。通常按照换热方式不同，将蛇管式换热器分为沉浸式和喷淋式两类。

a. 沉浸式蛇管换热器。如图 1-10 所示，此类换热器多以金属管弯绕而成，其换热管弯曲成蛇状，以适应容器的形状，沉浸在容器内的液体中。蛇管形状有折曲形、螺旋形、方形和盘形等。两种流体分别在管内、管外进行换热。

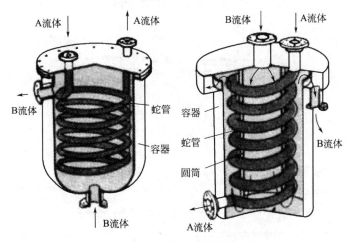

图 1-10　沉浸式蛇管换热器

沉浸式蛇管换热器结构简单，制作容易，操作方便，价格低廉，便于防腐蚀，能承受高压而不泄漏，常用于高压流体的加热和冷却。其缺点是由于容器的体积比蛇管的体积大得多，管外流体的传热膜系数较小，故常需加搅拌装置，以提高其传热效率。

b. 喷淋式蛇管换热器。喷淋式蛇管换热器多用于冷却管内的热流体，如图 1-11 所示。固定在支架上的蛇管排列在同一垂直面上，热流体自下部的管进入，由上部的管流出。冷却水由管上方的喷淋装置中均匀地喷洒在上层蛇管上，并沿着管外表面降至下层蛇管表面，最后收集在排管的底盘中。该装置通常放在室外空气流通处，冷却水在空气中汽化时，可带走部分热量，以提高冷却效果。

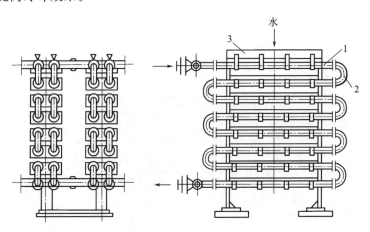

图 1-11　喷淋式蛇管换热器
1—直管；2—U 形管；3—水槽

与沉浸式蛇管换热器相比，喷淋式蛇管换热器具有检修清理方便、传热效果好等优点。其缺点是体积庞大，占地面积大；冷却水量较大，喷淋不易均匀。

蛇管换热器因其结构简单、操作方便，常被用于制冷装置和小型制冷机组中。

③ 套管式换热器 套管式换热器是由两根直径不等的管子组装成的同心管,其内管用U形管连接,如图 1-12 所示。每一段套管称为一程,程数可根据传热面积要求而增减。换热时一种流体走内管,另一种流体走环隙,内管的壁面为传热面。在进行热交换时,两种流体以逆流方式分别进入内管和内、外管的环形通道进行热交换。

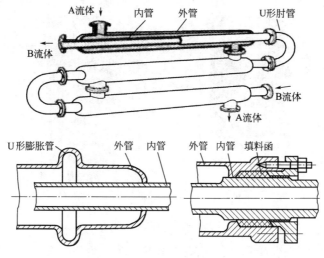

图 1-12 套管式换热器

套管式换热器结构简单,传热面积调整方便,但金属消耗量大,可拆连接处易泄漏,检修、清洗比较麻烦。一般用于流量较小压力较高的传热场合。

④ 双重管式换热器 将一组管子插入另一组相应的管子中而构成的换热器,如图 1-13 所示。B流体从进口管流入,通过内插管到达外套管的底部,然后反向,通过内插管和外套管之间的环形空间,最后从出口管流出。A流体走管外和B流体通过管壁进行热量交换。其特点是内插管与外套管之间没有约束,可自由伸缩,因此,它适用于温差很大的两流体换热。但管程流体的阻力较大,设备造价较高。

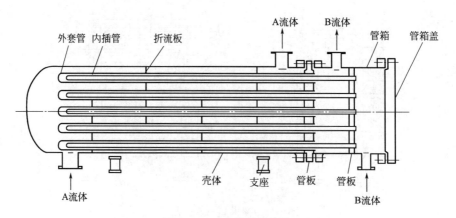

图 1-13 双重管式换热器

(2) 板面式换热器 板面式换热器以板面作为传热面,包括板式换热器、螺旋板式换热器、板翅式换热器、板壳式换热器和伞板换热器等。

(3) 特殊类型换热器 这类换热器是指根据工艺特殊要求而设计的具有特殊结构的换热

器，如回转式换热器、热管式换热器等。

3. 按用途分类

化工生产中所用的各种换热设备按其功能和用途不同，可分为以下几种。

（1）冷却器　用水或其他冷却介质冷却液体或气体的传热设备。用空气冷却或冷凝工艺介质的称为空冷器；用低温制冷剂，如冷盐水、氨等作为冷却介质的称为低温冷却器。

（2）冷凝器　冷凝蒸汽，若蒸汽经过换热器时仅冷凝其中一部分，则称为部分冷凝器；如果全部冷凝为液体后又进一步冷却为过冷的液体，则称为冷凝冷却器；如果通入的蒸汽温度高于饱和温度，则在冷凝之前，还经过一段冷却阶段，则称为冷却冷凝器。

（3）加热器　用蒸汽或其他高温载热体来加热工艺介质，以提高其温度。若将蒸汽加热到饱和温度以上所用设备称为过热器。

（4）换热器　在两个不同工艺介质之间进行显热交换，即在冷流体被加热的同时，热流体被冷却。

（5）再沸器　再沸器也称重沸器，它是将塔底液体加热，使其再次沸腾蒸发的加热设备。一般与精馏塔、蒸馏塔结合使用，直接装于塔的底部或塔外。

（6）蒸发器　蒸发是指用燃料油或燃料气的燃烧将溶液加热，使其中部分溶剂汽化而提高溶液的浓度或使溶液浓缩到饱和而析出溶质的操作。蒸发的特点是溶剂有挥发性，溶质没有挥发性，蒸发过程中溶质没有相变，其目的是使溶液浓缩或回收溶剂。用于进行蒸发操作的设备称为蒸发器，蒸发器广泛应用于化工、食品行业，在环保行业也有应用。

（7）废热（或余热）锅炉　凡是利用生产过程中的废热（或余热）来产生蒸汽的设备统称为废热锅炉。

（8）加热炉　加热炉是指利用燃料燃烧释放出的热量将物质（固体或液体）加热的设备。

（9）干燥器　利用热能来加热物料，以除去物料中湿分的设备称为干燥器。

4. 按折流板分布分类

分为单弓形折流板、双弓形折流板、三弓形折流板、圆盘-圆环折流板、螺旋折流板等。

5. 按所用材料分类

（1）金属材料换热器　由金属材料加工制成的换热器。因为金属材料热导率大，故这类换热器传热效率高。常见的金属材料有碳钢、合金钢、铝及铝合金、铜及铜合金、钛及钛合金、低温钢、稀有金属等。

（2）非金属材料换热器　由非金属材料制成的换热器。非金属材料热导率较小，传热效率较低，但耐蚀性能比金属材料好。常见的非金属材料有石墨、玻璃、塑料、氟塑料、陶瓷纤维复合材料、陶瓷等。

换热器的种类繁多，还有按结构、板状、密封形式、强化传热元件等分类方法。各种换热器各自适用于某一种工况，为此，应根据介质、温度、压力的不同选择不同种类的换热器，扬长避短，使之带来更大的经济效益。

二、传热设备选型的影响因素

换热器的类型很多，每种类型都有特定的应用范围。在某一种场合下性能很好的换热器，换到另一种场合可能传热效果和性能会有很大改变。因此，针对具体情况正确地选择换热器的类型是很重要的。换热器选型的标准很多，最基本的标准（依据）应涉及传热流体的特性、操作压力和温度、热负荷、操作费用等。

（1）材质 为保证使用的可靠性和连续性，换热器的制造材料应该有确定的使用环境下的腐蚀率，并且应该能承受操作压力和温度强度。管壳式换热器可用任何耐蚀的材料制造，非金属的如玻璃、聚四氟乙烯、墨等，金属的如钛、锆、钽等都可以。有延伸表面的紧凑式换热器可由任何具有可拉性、可成形性、延展性特点的金属制造，板式换热器则一般要求材质可压轧和焊接。

（2）操作压力与温度 流体的压力对换热器的选型有重要影响。压力决定了承压部件的厚度，压力越高，要求的厚度越大，就应该选择高压流体走管程；高压情况下气相的体积流率较小，允许的压降较大，这就导致了更为紧凑单元；低压情况下，气相的体积流率大，低的允许压降可能要求设计流动面积很大，例如错流或多个接管的分流。因此，低压气体走管外可以获得较高的热传递率。设计温度表明了换热器材料在设计温度下是否能承受操作压力及其他负荷。在较低温度和低温深冷应用场合，材料韧性是首要要求，但在高温应用场合，材料必须有高的抗蠕变能力。

（3）流量 流量决定流动面积，流量越大，要求的流动面积也越大。当流量一定时，压降、冲击、腐蚀等限制了流速不能过大，则需要用较大的流动面积来限制管内和流道内的流动速度。必要时还需在最低的流速下来改善传热，减少滞留面积及减少结垢。

（4）流动布置形式 流动布置形式的选择取决于所要求的换热器效率、结构类型、流动管道、壳体形式等。

（5）热效率与压降 要求热效率高的，应使用板翅式换热器（如低温换热）和再生器（如汽轮机），管翅式换热器用于热效率稍低的场合。管壳式换热器用于热效率低的场合，压降是换热器设计的重要参数之一。泵的费用或换热过程都可能限制压降的大小，换热器设计时应该尽量避免进出口弯头、接管和歧管等非生产性的压降。同时，任何限制压降大小的因素必须尽量充分利用其经济性。

（6）结垢性 结垢即在换热器表面形成沉积污垢，它阻止热量传递、增加流阻、增大压降，这些污垢的沉积导致换热器的传热水力性能随时间下降。结垢影响工业过程的能量消耗，也增加了额外的材料及传热面积用以弥补由于结垢造成的影响。例如紧凑式换热器通常用于不易结垢的场合；管壳式换热器中易结垢的流体应该走便于清洗的管内或者管外；板式换热器的波纹板片易使流体在一定流速下引起湍流；螺旋板式换热器中，流体在曲面形的传热面上擦刮可以减少结垢。

（7）流体相态 流体在单元设备内的相态是换热器选型时的一个重要考虑因素。换热器涉及的流体相态有液-液、液-气、气-气等，液态流体最容易处理，其在相对较低的压降下即可获得较高的传热系数。

（8）维护、清洗、检修及拓展性 换热器选型时应依照维护、清洗、检修及拓展性等慎重考虑各种换热器的适应性。例如，制药、食品等工业要求可以经常、快速地清洗换热器内的部件，考虑检测和人工清洗，螺旋板式换热器可采用两端开口或一端开口一端密封的结构，流道宽度可以在 5～25mm 之间；而管壳式换热器可采用固定管板式或可移动管束形式；板壳式换热器的板束可移动，因此清洗壳侧相当容易；板片式换热器容易打开，尤其所有接管都位于固定板端一侧，板的设置可以改变，以适合其他负荷。

（9）经济性 选用换热器时有两个主要的费用需要考虑：制造费用（设备投资成本）和操作费用（包括维护费用）。传热面积越小、设计越简单的传热器制造费用就越低，操作费用即输送介质使设备运行的费用，例如风扇、鼓风机、泵等的运行费用。维护费用包括由于腐蚀需要经常更换配件以及防止、抑制腐蚀与结垢的费用等。

（10）技术发展的影响 随着生产技术的发展，各种换热器的适用范围也在不断发展。如对于高温高压的换热过程，以前主要选用结构简单的蛇管或套管换热器，但由于其流体处理量小，价格高，不能适应现代大型化装置的需要，因此随着结构材料和制造工艺的发展，管壳换热器逐步被推广到高温高压的场合下应用。

在换热器选型中，除考虑上述因素外，还要考虑结构强度、材料来源、加工条件、密封性、安全性等方面。针对不同的工艺条件及操作工况，有时使用特殊形式的换热器和特殊的换热管，以实现降低成本的目的。同时，正确选择合适的换热器的形式还可以有效地减少工艺过程的能量消耗。

三、传热设备技术的发展

传热设备是重要的通用设备，工业过程的快速发展，对换热器的结构形式、传热效果、成本费用、使用维护等提出了越来越高的要求。结合这些要求，换热器的基本发展方向是：提高设备整体紧凑性，强化传热效果，便于制造、安装、操作和维修，经济合理，保证互换性和扩大容量的灵活性，结构安全可靠，减少操作事故，并向大型化、系列化方向发展。

换热器技术发展的主要成果表现为三个方面：一是创新传热理论及计算机技术的应用，奠定了传热技术发展的基础；二是换热器的结构改进与更新，提高了传热效果；三是逐步形成典型换热器的标准化生产，降低生产成本，适应大批量、专业化生产需要，便于使用和日常维护检修。

1. 传热理论创新

① 对冷凝传热过程，提出了在垂直管内部冷凝时所形成的冷凝液液膜，从层状直到受重力或蒸汽剪力而引起的湍动，可分为重力控制的层状膜、重力诱导的湍动膜和蒸汽剪切控制的湍动膜等，并提出了有关热量传递公式。

② 进行了管束中的沸腾试验，指出了沸腾传热的一些基本性能。特别是对釜式再沸器，认为池沸腾（即当加热表面浸入液体的自由表面以下时沸腾过程）可以控制的热传递机理。

③ 计算流体力学和模型化设计的应用。在换热器的热流分析中，引入计算机技术，对换热器中介质的复杂流动过程进行定量模拟仿真。目前基于计算机技术的热流分析已经用于自然对流、剥离流、振动流和湍流热传导等的直接模拟仿真，以及对辐射传热、多相流和稠液流的机理仿真模拟等方面。在此基础上，在换热器的模型设计和设计开发中，利用CFD（计算流体动力学）的分析结果和相对应的模型实验数据，对换热器进行更为精确和细致的设计。

④ 采用先进的测量仪器来精确测量换热器的流场分布和温度场分布，并结合分析计算，进一步摸清不同结构的强化传热机理。采用数值模拟方法对换热器内流体流动和传热过程进行研究，预测各种结构对流场及传热过程的影响。

⑤ 有源技术研究，如利用振动、电场方法强化传热的机理研究、试验研究，给出对比

试验数据，提出理论计算模型。

2. 换热器结构的改进

（1）新型高效换热器的应用　在管壳式换热器的基础上出现了螺旋折流板换热器、气动喷涂翅片管换热器、折流杆式换热器、管子自支承式换热器等多种新型换热器，适应了不同工艺的需要，增强了传热效果。

（2）改进传热元件结构，提高传热效率　科研工作者在改进传热元件结构上进行了大量研究，并且取得了很大的成效。如在管外轧制各种形状的外翅片、车制螺纹或者在管外设置螺纹线；又研制出了内螺纹管、内翅片管以及带有内插件的换热管等；还有对管内外同时进行改进，研制了横纹管、缩放管或者将上述改进管内外的方法组合研制的各种异形管。这些高效换热元件的运用，使传热系数提高，可减小换热器的尺寸或减少台数，降低投资。

（3）管板结构形式多样化　传统的管板为圆形平板，厚度较大。近年来已使用的椭圆形管板是以椭圆形封头作为管板，且常与壳体采用焊接连接，使管板的受力情况大为改善，厚度比圆平板薄很多。其他结构的薄管板也越来越多地投入使用，节约了金属材料，减少了温差应力，也改善了受力状况。

第三节　本课程内容、性质、任务

一、课程内容

《传热设备结构与维护》课程的研究对象是化工生产中常用的传热设备，课程内容：介绍管壳式换热器、板面式换热器、干燥设备及蛇管式换热器、套管式换热器等常见传热设备的传热原理、结构、性能特点和应用等基本知识，阐述常见传热设备的日常维护、故障处理以及检修等基本方法，同时简要地介绍国家标准和规范、标准零部件的选用原则和方法。

二、课程性质

本课程是"化工装备技术""化工设备维修技术""化工设备与机械"专业的一门专业核心课程，在整个专业教学计划和课程体系中，占据相当重要的位置。它是在"机械制图""金属材料及热处理""机械结构设计与维护""压力容器结构与制造"等课程的基础上进行学习的，是对这些课程的综合应用，同时也为顶岗实习以及今后工作奠定基础。

三、课程任务

本课程的主要任务如下。

① 培养学生应用所学的基础理论，结合有关标准和技术规范解决工程实际问题的能力。

② 通过本课程的学习使学生掌握常见传热设备的工作原理、特点、结构分析、维护、故障处理和检修等基本知识，并初步具有拆卸、清洗、检验及检修常见传热设备的基本能力。

③ 培养学生具有运用标准、规范、手册、图册等有关技术资料的能力。

④ 逐步树立严谨求实的工作作风。

同步练习

一、判断题

1-1 换热设备是将热流体的部分热量传递给冷流体的设备，又称热交换器。（　　）

1-2 换热设备根据热量传递方法的不同，可以分为直接接触式、蓄热式、间壁式和中间载热体式换热器四大类。（　　）

1-3 直接接触式、蓄热式和间壁式换热器都适用于工艺上允许两种流体混合的场合。（　　）

1-4 化工生产中常应用直接接触式换热器，因为直接接触式换热器具有传热效率高、结构简单、价格便宜等优点。（　　）

1-5 管壳式换热器中，温度低的流体置于壳侧，这样可以减小换热器散热损失。（　　）

1-6 蛇管式换热器中，喷淋式换热器既适用于管内流体的冷却或冷凝，也适用于管外流体的冷却或冷凝。（　　）

1-7 凡是利用生产过程中的废热（或余热）来产生蒸汽的设备统称为废热锅炉。（　　）

1-8 由金属材料加工制成的换热器称为金属材料换热器。常见的金属材料有碳钢、合金钢、石墨、铝及铝合金、塑料、铜及铜合金。（　　）

1-9 管壳式换热器中，腐蚀性大的流体适合走管内，因为更换管束的代价比更换壳体要低，且如将腐蚀性强的流体置于壳侧，被腐蚀的不仅是壳体，还有管子。（　　）

1-10 用来制造换热器的非金属材料主要有石墨、玻璃钢、陶瓷纤维复合材料，氟塑料等。非金属材料主要用于强腐蚀介质的场合。（　　）

二、填空题

1-11 化工生产中，绝大多数的工艺过程都有加热、冷却、汽化和冷凝的过程，这些过程总称为_____。

1-12 传热过程需要通过一定的设备来完成，这些使传热过程得以实现的设备称为_____。

1-13 换热设备的要求主要体现在以下3个方面：_____、_____、_____、_____。

1-14 化工生产中所用的各种换热设备按其功能和用途不同，可分为冷却器、_____、_____、_____、_____、蒸气发生器和干燥器等。

1-15 换热设备按所用材料分类可分为_____、_____。

1-16 沉浸式换热设备适用于_____场合。

1-17 间壁式换热器主要分为两大类，即_____、_____。

1-18 按传递热量的方式，换热器可以分_____、_____、_____和间壁式换热器。

1-19 在固定管板换热器和浮头式换热器中，_____适用于高温高压流体的传热。

1-20 非金属材料换热器与金属材料换热器比较，最大的优点是_____。

三、简答题

1-21 换热设备的应用场合是什么？

1-22 换热设备的基本要求是什么？

1-23 按传热方式分类，换热设备可分为哪些类型？各适用于哪些场合？

1-24 间壁式换热设备有哪几种主要形式？各有什么特点？各适用于哪些场合？

1-25 按折流板分布分类，换热设备可分为哪些类型？

1-26 换热设备按材料分类，可分为哪些类型？各种材料的性能特点是什么？

第二章

传 热 基 础

● **知识目标**

理解传热的三种方式及其特点，理解传热过程中冷热流体的热交换方式，掌握热传导的基本定律以及平壁和圆筒壁定常热传导的计算；掌握对流传热过程的分析和传热速率的计算。

● **能力目标**

根据工作条件，能正确计算传热相关参数。

● **观察与思考**

* 观察日常生活中烧水的水壶，如图 2-1 所示，请问水壶的提把为什么要包上塑料手柄？

* 在我国的北方寒冷地区，房屋通常都采用双层玻璃窗，为什么？

* 电影《泰坦尼克号》里，男主人公杰克在海水里被冻死而女主人公罗丝却因躺在板上而幸存下来。试从传热的观点解释这一现象。

* 冬天，经过在白天太阳底下晒过的棉被，晚上盖起来感到很暖和，并且经过拍打以后，效果更明显。解释其原因。

图 2-1　水壶

第一节　传 热 概 述

一、传热在化工生产中的应用

传热，即热量传递，是自然界和工程技术领域中极普遍的一种传递过程。依据热力学第二定律，无论气体、液体还是固体，凡是有温度差存在的地方，就必然导致热量自发地从高温处向低温处传递，这一过程称为热量传递，简称传热。

几乎所有的工业部门，如化工、能源、冶金、机械、建筑等都涉及传热问题，化学工业与传热的关系尤为密切。在化工生产中，传热过程主要涉及以下几个方面。

1. 物料的加热与冷却

化学工业的很多生产过程和单元操作，都需要进行加热或冷却，例如，合成氨生产中氢气、氮气合成为氨是放热反应，所使用催化剂的活性温度为 673K，最高的耐热温度为823K，实际操作温度只有控制在 743～793K 之间，才能获得较大的反应速度和转化率。因此，进入合成塔的氢气、氮气要首先加热到 673K，再进入催化剂层，才能保证催化剂的活性。反应放出的热量要及时转移走，才能保证在最佳的温度范围操作，延长催化剂的使用寿命。化学反应通常都是在一定温度下进行的，为此就需要向反应器输入或移出热量以使其达到并保持一定的温度；又如在蒸馏操作中，为使塔釜达到一定温度并产生一定量的上升蒸汽，就需要向塔釜内的液体输入一定的热量，同时为了使塔顶上升蒸汽冷凝以得到液体产品，就需要从塔顶冷凝器中移出一定的热量；再如在蒸发、干燥等单元操作中也都要向相应的设备输入或移出热量。

2. 热量的合理应用及回收利用

在能源短缺的今天，有效回收利用热量以节约能源是非常重要的，是降低生产成本的重要措施之一。例如，利用锅炉排出的烟道气的废热，可预热燃料所需要的空气。

3. 设备与管路的保温

化工厂中有许多高温或低温设备与管路，为了减少能量的损失，需要在设备与管路的外表面包上绝热材料隔热保温，以减少它们与外界的热量交换，要求保温层的传热效率低。

在化工生产中进行传热计算的目的是：解决各种传热设备的设计计算，操作分析和传热强化；对各种设备和管道适当进行保温以减少热量或冷量的损失；在完成工艺要求，使物料达到指定的适宜温度的条件下，充分利用能源，提高能量利用效率，减少热损失，降低投资和操作成本。

二、传热的基本方式

热量传递是由于物体内或系统内的两部分之间的温度差而引起的，热量总是由高温处自动地向低温传递。温度差越大，热能传递越快，温度趋向一致，就停止传热。所以，传热过程的推动力是温度差。

根据传热机理的不同，热量传递的基本方式有三种，即热传导、热对流和热辐射。

1. 热传导

热传导简称导热。物体中温度较高部分的分子因振动而与相邻分子相碰撞，将热能传给温度较低部分的传热方式。在热传导中，物体中的分子不发生相对位移。

如果把一根铁棒的一端放在火中加热，另一端会逐渐变热，这就是热传导的缘故。固体、液体和气体都能以这种方式传热。

2. 热对流

热对流是指流体中质点发生相对位移而引起的热量传递过程。如果流体的相对位移是由于流体各处温度不同引起的密度差异，使轻者上浮、重者下沉，称为自然对流；如果流体的相对位移是因泵、风机或搅拌等外力所致，则称为强制对流。化工生产中大量遇到的是流体在流过温度不同的壁面时与该壁面间所发生的热量传递，这种热量传递也同时伴有流体分子运动所引起的热传导，合称为对流传热。

3. 热辐射

热辐射是以电磁波形式发射的一种辐射能，当此辐射能遇到另一物体时，可被其全部或部分吸收而变为热能。因此辐射传热，不仅是能量的传递，还同时伴随有能量形式的转变。另外，辐射传热不需要任何介质，可以在真空中传播。这是辐射传热与热传导及热对流传热的根本区别。

实际上，以上三种传热方式很少单独存在，一般都是两种或三种方式同时出现。在一般换热器内，热辐射传热量很小，往往可以忽略不计，只需考虑热传导和热对流两种传热方式。本章将重点讨论这两种传热方式。

三、载热体及其选择

化工生产中的传热过程，多数是在两流体之间进行的。参与传热的两流体均称为载热体，在传热过程中起加热作用的载热体称为加热剂，另一种称为冷却剂。

为了提高传热过程的经济效益，必须选择适当的载热体。选择载热体时应考虑以下原则。

① 载热体的温度易调节控制；

② 载热体的饱和蒸气压较低，加热时不易分解；

③ 载热体的毒性小，不易燃、不易爆，不易腐蚀设备；

④ 价格便宜，来源容易。

工业上常用的加热剂有热水、饱和蒸汽、矿物油、联苯混合物、熔盐及烟道气等。常用加热剂及其适用温度范围如表 2-1 所示。若所需的加热温度很高，则需采用电加热。

表 2-1　常用加热剂及其适用温度范围

加热剂	热水	饱和蒸汽	矿物油	联苯混合物	熔盐（KNO₃53%，NaNO₂40%，NaNO₃7%，）	烟道气
适用温度/℃	4~100	100~180	180~250	255~380(蒸气)	142~530	≤1000

工业上常用的冷却剂有水、空气和各种冷冻剂。水和空气可将物料最低冷却至环境温度，其值随地区和季节而异，一般不低于 20~30℃。在水资源紧缺的地区，宜采用空气冷却。常用冷却剂及其适用温度范围如表 2-2 所示。

表 2-2　常用冷却剂及其适用温度范围

冷却剂	水(自来水、河水、井水)	空气	盐水	氨蒸气
适用温度/℃	0~80	>30	0~-15	<-15~-30

四、稳态传热与非稳态传热

传热过程可以是连续也可以是间歇进行。对于连续进行正常操作的传热过程，传热系统中（如换热器）没有热能的积累，在传热体系中各点的温度只随换热器的位置的变化而变，不随时间而变，这过程称为稳态传热。稳态传热的特点是单位时间内通过传热表面的传热速率为常量，不随时间而变化。

对于间歇进行或者连续操作的传热设备处于开、停车阶段的传热过程，传热系统中有热能的积累，传热体系中各点的温度，既随位置的变化，又随时间变化，冷热流体之间的热量随时间而变，这种传热过程称为非稳态传热。通常连续生产多为稳态传热，间歇操作多为非稳态传热。化工过程中连续生产是主要的，因而这里主要讨论稳态传热。

五、传热速率与传热通量

换热器在一定的工况下具有一定的换热能力，换热器换热能力的大小有两种表示方法。

（1）传热速率（热流量）Q　指整台换热器在单位时间内通过传热面的热量，单位为 W。它表征了换热器传热能力的大小，对一定换热面积的换热器，其值越大，表示换热器的效能越高。

（2）传热通量（热流强度）q　指的是单位时间内通过换热器单位传热面积传递的热量，单位是 W/m²。在一定的传热速率 Q 下，热通量 q 越大，则表明所需传热面积 S 越小，它是一个反映传热强度的指标。热通量与传热速率之间的关系如式(2-1) 所示。

$$q = \frac{Q}{S} \tag{2-1}$$

第二节　热　传　导

热传导是在相互接触而温度不同的两物体之间或者同一物体内部温度不同的各部分之间，仅由于微观粒子的位移、分子转动和振动等热运动引起的热量传递现象。热传导是介质内无宏观运动时的传热现象，其在固体、液体和气体中均可发生，但严格来讲，只有在固体中才是纯粹的热传导，如间壁式换热器中内、外壁面间进行的热量传递就属于热传导。

一、傅里叶定律

傅里叶定律是傅里叶对物体的导热现象进行大量的实验研究，揭示出的热传导基本定律。该定律指出：当导热体内进行的是纯导热时，单位时间内以热传导方式传递的热量，与温度梯度以及垂直与导热方向的表面积 S 成正比。傅里叶定律可表示为

$$Q = -\lambda S \frac{\mathrm{d}t}{\mathrm{d}x} \tag{2-2}$$

式中　Q——导热速率，即单位时间内传导的热量，W；

$\quad\quad\ S$——导热面积，m²；

$\quad\quad\ \lambda$——比例系数，称为热导率（导热系数），W/(m·K)；

$\quad\ \dfrac{\mathrm{d}t}{\mathrm{d}x}$——温度梯度，传热方向上单位距离的温度变化率，K/m。

式中的负号表示热流方向总是和温度梯度的方向相反。

二、热导率

热导率由式(2-2) 得

$$\lambda = -\frac{Q}{S \dfrac{\mathrm{d}t}{\mathrm{d}x}} \tag{2-3}$$

热导率 λ，又称导热系数，是表征物质导热性能的一个物性参数，在数值上等于温度梯度为 1℃/m，即单位时间内通过单位导热面积的热量。热导率通常是通过试验方法测定的。热导率 λ 越大，导热越快。影响热导率的因素很多，其中主要是物质的组成、结构、温度和压强等有关。各物体的热导率的大小关系为：金属＞非金属＞液体＞气体。热导率的大致范围如下。

金属　　　　　　　1～400W/(m·K)

建筑材料　　　　0.1~1W/(m・K)

绝热材料　　　　0.01~0.1W/(m・K)

液体　　　　　　0.1~0.6W/(m・K)

气体　　　　　　0.005~0.05W/(m・K)

由此可见，金属是良好的导热体。金属的热导率大都随其纯度增加而增大，合金的热导率要比纯金属低。因此，生产中使用的换热设备多由金属制成，当然，某些特定场合也用其他材质，例如腐蚀性强的场合可以用非金属制造换热器。

三、平壁的定常热传导

1. 单层平壁的热传导

如图 2-2 所示，假设平壁面积与厚度相比是很大的，则壁边缘处的散热可以忽略，壁内温度只沿垂直壁面的 x 方向而变化，即所有等温面是垂直于 x 轴的平面，且壁面两侧的温度 t_1 和 t_2 不随时间而变化，故该平壁的热传导是定常一维热传导。因导热速率 Q 和传热面积 S 都为常量，由傅里叶定律可得单层平壁导热速率的计算方法，即

$$Q = \frac{\lambda}{b} S(t_1 - t_2) \tag{2-4}$$

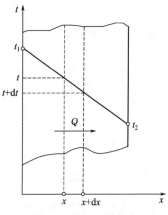

图 2-2　单层平壁导热

式中　b——平壁厚度，m；

　　　t_1，t_2——平壁两侧壁面温度，K。

【例 2-1】 现有一厚度为 200mm 的砖壁，内壁温度为 500℃，外壁温度为 150℃。试求通过每平方米砖壁壁面的导热速率（热流强度）。已知该温度范围内砖壁的平均热导率为 $\lambda = 0.6$W/(m・℃)。

解：已知 $b = 200$mm，$t_1 = 500$℃，$t_2 = 150$℃，$\lambda = 0.6$W/(m・℃)，将上述条件代入式 (2-1) 得

$$q = \frac{Q}{S} = \frac{\Delta t}{\frac{b}{\lambda}} = \frac{500 - 150}{\frac{0.20}{0.60}} = 1050 \ (\text{W}/\text{m}^2)$$

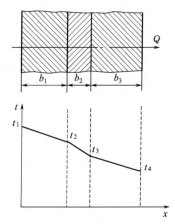

图 2-3　三层平壁导热

2. 多层平壁的热传导

工业上通过多层平壁的导热过程是很常见的。例如锅炉的炉壁，最内层为耐火材料层，中间层为隔热层，最外层为钢板。以图 2-3 所示的三层平壁为例，说明多层平壁导热速率的计算方法。

设平壁面积均为 S，各层的壁厚分别为 b_1、b_2 和 b_3，热导率分别为 λ_1、λ_2 和 λ_3。假设层与层间接触良好，即相接触的两表面的温度相同。各等温面亦皆为垂直于 x 轴的平行平面。各表面的温度为 t_1、t_2、t_3 和 t_4，且 $t_1 > t_2 > t_3 > t_4$。在定常热传导时，通过各层的导热速率相等，又根据等比定律，多层平壁导热速率可由下式计算

$$Q=\frac{t_1-t_2}{\dfrac{b_1}{\lambda_1 s}}=\frac{t_2-t_3}{\dfrac{b_1}{\lambda_2 s}}=\frac{t_3-t_4}{\dfrac{b_3}{\lambda_3 s}}=\frac{t_1-t_4}{\dfrac{b_1}{\lambda_1 s}+\dfrac{b_2}{\lambda_2 s}+\dfrac{b_3}{\lambda_3 s}} \tag{2-5}$$

【例 2-2】 燃烧炉的平壁由三种材料构成。最内层是耐火砖，厚度为 150mm，$\lambda_1=$ 1.05W/(m·℃)；中间层为绝热砖，厚度为 290mm，$\lambda_2=0.15$W/(m·℃)；最外层为普通砖，厚度为 228mm，$\lambda_3=0.81$W/(m·℃)。已知炉内、外壁表面温度分别为 1016℃ 和 34℃，试求耐火砖和绝热砖间以及绝热砖和普通砖间界面的温度。（假设各层接触良好）

解： 由题意知

$\lambda_1=1.05$W/(m·℃)，$b_1=150$mm

$\lambda_2=0.15$W/(m·℃)，$b_2=290$mm

$\lambda_3=0.81$W/(m·℃)，$b_3=228$mm

$$q=\frac{Q}{S}=\frac{t_1-t_4}{\dfrac{b_1}{\lambda_1}+\dfrac{b_2}{\lambda_2}+\dfrac{b_3}{\lambda_3}}$$

将已知数据代入上式得 $q=416.5$W/m²。

由式 $q=\dfrac{\Delta t}{\dfrac{b}{\lambda}}$ 可得

$$t_2=t_1-\Delta t_1=t_1-q\frac{b_1}{\lambda_1}=956.5 \ (℃)$$

同理 $t_3=151.4$℃。

四、圆筒壁定常热传导

在化工生产中，所用的管子、换热器、容器、塔器等绝大部分设备为圆筒形，通过此类设备壁面的导热属于圆筒壁热传导。圆筒壁与平壁热传导不同之处，在于圆筒壁的传热面积不是常数，它随圆筒的半径变化，同时温度也随半径而变。

1. 单层圆筒壁的热传导

单层圆筒壁导热如图 2-4 所示。设圆筒壁的内、外半径分别为 r_1 和 r_2，长度为 L，内、外壁表面温度分别保持恒定温度 t_1 和 t_2，且 $t_1>t_2$。若 L 很长，则沿轴向散热可忽略不计，温度仅沿半径方向变化。此种热传导也是一维定常热传导。通过该薄圆筒壁的导热速率可以写成

$$Q=\frac{2\pi L\lambda(t_1-t_2)}{\ln\dfrac{r_2}{r_1}}=\frac{t_1-t_2}{\dfrac{\ln(r_2/r_1)}{2\pi L\lambda}}=\frac{t_1-t_2}{R} \tag{2-6}$$

式(2-6) 为单层圆筒壁的稳态导热速率方程式，R 为圆筒壁导热热阻。

2. 多层圆筒壁的热传导

层与层之间接触良好的多层圆筒壁定常热传导，与多层平壁类似，也是串联热传递过程。如图 2-5 所示，以三层圆筒壁导热为例。各层的热导率分别为 λ_1、λ_2 和 λ_3，厚度分别为 $b_1=r_2-r_1$，$b_2=r_3-r_2$，和 $b_3=r_4-r_3$。根据串联传热的原则，可写出三层圆管壁的导热速率方程式为

$$Q=\frac{2\pi L(t_1-t_4)}{\dfrac{1}{\lambda_1}\ln\dfrac{r_2}{r_1}+\dfrac{1}{\lambda_2}\ln\dfrac{r_3}{r_2}+\dfrac{1}{\lambda_3}\ln\dfrac{r_4}{r_3}} \tag{2-7}$$

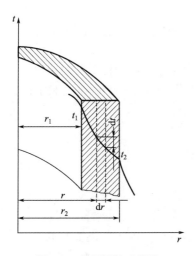

图 2-4　单层圆筒壁导热

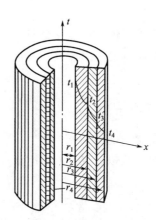

图 2-5　多层圆筒壁导热

对 n 层圆筒壁，其导热速率方程可写为

$$Q = \frac{(t_1 - t_{n+1})}{\sum\limits_{i=1}^{n} \dfrac{b_i}{\lambda_i S_{mi}}} = \frac{(t_1 - t_{n+1})}{\sum\limits_{i=1}^{n} \dfrac{1}{2\pi L \lambda_i} \dfrac{r_{i+1}}{r_i}} \tag{2-8}$$

【例 2-3】　在一 $\phi 60\text{mm} \times 3.5\text{mm}$ 的钢管外包有两层绝热材料，里层为 40mm 的氧化镁粉，平均热导率 $\lambda = 0.07\text{W/(m·℃)}$，外层为 20mm 的石棉层，其平均热导率 $\lambda = 0.15\text{W/(m·℃)}$。现用热电偶测得管内壁温度为 500℃，最外层表面温度为 80℃，管壁的热导率 $\lambda = 45\text{W/(m·℃)}$。试求每米管长的热损失及两层保温层界面的温度。

解：（1）每米管长的热损失为

$$q = \frac{2\pi(t_1 - t_4)}{\dfrac{1}{\lambda_1}\ln\dfrac{r_2}{r_1} + \dfrac{1}{\lambda_2}\ln\dfrac{r_3}{r_2} + \dfrac{1}{\lambda_3}\ln\dfrac{r_4}{r_3}}$$

此处，$r_1 = \dfrac{0.053}{2} = 0.0265\text{m}$，$r_2 = 0.0265 + 0.035 = 0.03\text{m}$，$r_3 = 0.03 + 0.04 = 0.07\text{m}$，$r_4 = 0.07 + 0.02 = 0.09\text{m}$，则有

$$q = \frac{2 \times 3.14(500 - 80)}{\dfrac{1}{45}\ln\dfrac{0.03}{0.0265} + \dfrac{1}{0.07}\ln\dfrac{0.07}{0.03} + \dfrac{1}{0.15}\ln\dfrac{0.09}{0.07}} = 191 \ (\text{W/m})$$

（2）保温层界面温度 t_3　因为

$$q = \frac{2\pi(t_1 - t_3)}{\dfrac{1}{\lambda_1}\ln\dfrac{r_2}{r_1} + \dfrac{1}{\lambda_2}\ln\dfrac{r_3}{r_2}}$$

根据串联传热的原则

$$191 = \frac{2 \times 3.14(500 - t_3)}{\dfrac{1}{45}\ln\dfrac{0.03}{0.0265} + \dfrac{1}{0.07}\ln\dfrac{0.07}{0.03}}$$

解得 $t_3 = 132℃$。

第三节　对流传热和热辐射

冷热两种流体通过金属壁面进行热量交换时，由流体将热量传给壁面或由壁面将热量传给流体的过程称为对流传热（或给热）。对流传热是层流内层的导热和湍流主体对流传热的统称。

一、对流传热

1. 对流传热过程分析

由于对流是依靠流体内部质点发生位移来进行热量传递的，因此对流传热的快慢与流体

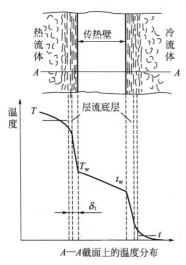

A—A截面上的温度分布

图 2-6　对流传热的流动
情况和温度分布

流动的状况有关。在流体流动中曾讲了流体流动型态有层流和湍流。流体在换热器内的流动大多数情况下为湍流，下面来分析流体做湍流流动时的传热情况，如图 2-6 所示。

流体在换热器壁面上流过时，流体和壁面间将进行换热，在紧靠固体壁面处总存在着层流内层，流体质点在此只沿流动方向上做一维运动，在传热方向上无质点的混合，温度变化大，传热主要以热传导的方式进行。此时传热速率小，应尽量避免此种情况。

在远离壁面为湍流中心，流体质点充分混合，温度趋于一致，传热主要以对流方式进行。质点相互混合交换热量，温差小。

在层流与湍流区域之间为过渡区域，温度分布不像湍流主体那么均匀，也不像层流内层变化明显，传热以热传导和对流两种方式共同进行，温度变化平缓。

根据在热传导中的分析，温差大热阻就大，热阻大，传热速率就慢。所以，流体做湍流流动时，要加强传热，必须采取措施来减小层流内层的厚度。

2. 牛顿冷却定律

对流传热是一个复杂传热过程，而且它有各种不同的情况，其机理也各不相同，因此，对流传热的纯理论计算是相当困难的。为了计算方便，工程上通常采用比较简单的方法处理。根据传递过程普遍关系，壁面与流体间（或反之）的对流传热速率可写成

$$Q = \alpha S \Delta t \tag{2-9}$$

式中　α——对流传热系数，也称给热系数，$W/(m^2 \cdot ℃)$ 或 $W/(m^2 \cdot K)$；

　　Q——对流传热速率，W；

　　S——对流传热面积，m^2；

　　Δt——流体与固体壁面之间平均温度差，K。

式(2-9) 称为对流传热速率方程，又称为牛顿冷却定律。

间壁式换热器的计算中，需要求出传热管长的平均 α 值。对流传热系数 α 表示当传热面积为 $1m^2$，流体与壁面之间的平均温度差 Δt 为 $1℃$ 时，在单位时间内流体与壁面之间所交换的热量。它反映了对流传热的快慢，在相同的 Δt 下，α 愈大表示对流传热愈快，所交换

的热量也愈多。

不同情况下求对流传热系数的经验关联式可从相关工程手册上查到，但一定要注意这些经验公式的应用范围。除了用经验关联式进行计算外，还可以选用一些操作条件相似、流体性质相近的流体给热系数。表 2-3 中列出不同类型对流给热系数 α 的取值范围，供估计和核对计算结果时参考。

表 2-3 α 的取值范围

换热方式	$\alpha/W \cdot m^{-2} \cdot \text{℃}^{-1}$	换热方式	$\alpha/W \cdot m^{-2} \cdot \text{℃}^{-1}$
空气自然对流	5～12	油的加热或冷却	58～1500
空气强制对流	12～120	水蒸气冷凝	5000～15000
水自然对流	200～1000	有机蒸气冷凝	500～2000
水强制对流	1000～11000	水沸腾	5800～50000

在确定 Δt 时必须注意，当流体被壁面加热时，式中 $\Delta t = t_w - t$，流体被壁面冷却时 $\Delta t = T - T_w$，其中 T 为热流体主体温度，t 为冷流体主体温度，T_w 为热流体一侧壁面温度，t_w 为冷流体一侧壁面温度。

二、热辐射

物体以电磁波方式传递能量的过程称为辐射，被传递的能量称为辐射能。物体可由不同的原因产生电磁波辐射，其中因热的原因引起的电磁波辐射，即是热辐射。

热辐射和光辐射的本质完全相同，所不同的仅仅是波长的范围。理论上热辐射的电磁波波长的范围从零到无穷大，但是具有实际意义的波长范围为 $0.4 \sim 40 \mu m$，这包括波长范围为 $0.4 \sim 0.8 \mu m$ 的可见光线和波长范围为 $0.8 \sim 500 \mu m$ 的红外光线，二者统称为热射线，红外光线的热效应对热辐射起决定作用，而可见光线的热效应只有在很高的温度下才明显。

物体的温度越高，辐射的能量越多，两物体间温度差越大，辐射传热越多。工业上生产中常见的间壁式换热器传热壁面温度不太高，辐射传热量很小，故除换热器外壳热损失以外，辐射传热通常不予考虑。

同步练习

一、填空题

2-1 热传递的三种基本方式为＿＿＿＿＿＿＿＿＿＿＿＿＿＿＿。

2-2 根据传热原理和实现热交换的方法，换热器可分为＿＿＿＿＿＿三大类。

2-3 流体通过间壁的换热过程包括＿＿＿＿＿＿＿＿＿三个分过程。

2-4 当进行热传导传热时，热导率 λ 的含义是＿＿＿＿＿＿。

2-5 两种不同材料的热导率的比值 $\lambda_2/\lambda_1 = 5$，仅从保温的角度出发，宜选用热导率为＿＿＿＿＿的材料。

2-6 流体与壁面间的对流体热，热量通过层流内层是以＿＿＿＿＿方式进行的，通过湍流层时是以＿＿＿＿＿方式进行的。

2-7 一换热器的热导率越大，说明该换热器传热效果越＿＿＿＿＿。

二、选择题

2-8 热量稳定地穿过由厚度相同的两种材料（$\lambda_A > \lambda_B$）构成的平壁，A 层的推动力 _____ B 层的推动力。

    A. 大于   B. 小于   C. 等于   D. 不能判断

2-9 有一冷藏室需用一块厚度为 100mm 的软木板作隔热层。现有两块面积厚度和材质相同的软木板，但一块含水较多，另一块干燥，从隔热效果来看，宜选用 _____。

    A. 含水较多的那块   B. 干燥的那块   C. 两块效果相同   D. 不能判断

2-10 在一台普通换热器的操作中，冷、热流体均无相变化，若热流体进口温度和流量不变，热流体的出口温度降低，则冷流体的流量应_____。

    A. 增大   B. 不变   C. 减少   D. 不能确定

2-11 要求热流体从 200℃ 降到 110℃，冷流体从 30℃ 升到 100℃，仅从传热平均温度差考虑，宜选用_____操作换热。

    A. 逆流   B. 并流   C. 错流   D. 折流

2-12 冷却水在一换热器中与某流体进行逆流换热，冷却水温度 t_1 由升温至 t_2，热流体由 T_1 降至 T_2，现保持 t_1、T_1 和 T_2 不变，t_2 升高，则传热的平均温度差将_____。

    A. 增大   B. 减少   C. 不变   D. 不能确定

2-13 关于流体在换热器中的流动过程分析，下述说法中错误的是_____。

A. 流体在换热器内的流动主要是湍流

B. 层流底层传热主要以热传导的方式进行

C. 在远离壁面的湍流中心，流体质点充分混合，温度趋于一致（热阻小），传热主要以对流方式进行，质点相互混合交换热量，温差小

D. 流体做湍流流动时，热阻主要集中在湍流层中

2-14 传热过程中当两侧流体的对流传热系数都较大时，影响传热过程的将是_____。

    A. 管壁热阻   B. 污垢热阻

    C. 管内对流传热热阻   D. 管外对流传热热阻

三、简答题

2-15 在化工生产中，传热过程主要涉及哪几个方面？

2-16 在选择载热体的时候，应该考虑哪些因素？

2-17 什么是稳态传热？什么是非稳态传热？

2-18 什么是热导率？写出热导率的物理意义，并说明影响热导率的因素有哪些？

2-19 固体、液体、气体三者的热导率比较，哪个大，哪个小？纯金属与合金比较，热导率哪个大？

2-20 平壁导热和圆筒壁导热的不同之处是什么？

2-21 什么是强制对流传热和自然对流传热？

2-22 对流传热速率方程是什么？对流传热系数与哪些因素有关？

2-23 什么是热辐射？热辐射辐射能量的多少与哪些因素有关？

四、计算题

2-24 现有一厚度为 240mm 的砖壁，内壁温度为 600℃，外壁温度为 150℃。已知该温度范围内砖壁的平均热导率为 $\lambda = 0.6 W/(m \cdot K)$。试求通过每平方米砖壁壁面的导热速率（热流强度）。

2-25 工厂某工业户的炉壁，由以下三层平壁组成：耐火砖 $\lambda_1 = 1.4 \mathrm{W/(m \cdot K)}$，$b_1 = 225\mathrm{mm}$；保温砖 $\lambda_2 = 0.15 \mathrm{W/(m \cdot K)}$，$b_2 = 115\mathrm{mm}$；保温砖 $\lambda_3 = 0.8 \mathrm{W/(m \cdot K)}$，$b_3 = 225\mathrm{mm}$。今测得其内壁温度为 930℃，外壁温度为 55℃。试求：（1）单位面积的热损失；（2）温度差在各层中的分配。

2-26 在一 $\phi 60\mathrm{mm} \times 3.5\mathrm{mm}$ 的钢管外包有两层绝热材料，里层为 50mm 的氧化镁粉，平均热导率 $\lambda = 0.07 \mathrm{W/(m \cdot K)}$，外层为 30mm 的石棉层，其平均热导率 $\lambda = 0.15 \mathrm{W/(m \cdot K)}$。现用热电偶测得管内壁温度为 600℃，最外层表面温度为 100℃，管壁的热导率 $\lambda = 45\mathrm{W/(m \cdot K)}$。试求每米管长的热损失及两层保温层界面的温度。

2-27 一套管换热器的内壁为 $\phi 25\mathrm{mm} \times 2.5\mathrm{mm}$ 的钢管，钢的热导率为 $45\mathrm{W/(m \cdot K)}$，该换热器在使用一段时间之后，在换热管的内外表面分别生成了 1mm 和 0.5mm 厚的污垢，垢层的热导率分别为 $1.0\mathrm{W/(m \cdot K)}$ 和 $0.5\mathrm{W/(m \cdot K)}$，已知两垢层与流体接触一侧的温度分别为 160℃ 和 120℃，试求此换热器单位管长的传热量。

2-28 将 0.235kg/s、381K 的某液体通过一换热器冷却到 320K，冷却水的进口温度为 301K，出口温度不超过 309K，已知液体的比热容 $c_{ph} = 1.12\mathrm{kJ/(kg \cdot ℃)}$，若热损失可忽略不计，求该换热器的热负荷及冷却水的用量。

第三章

管壳式换热器

知识目标

　　了解管壳式换热设备在化工生产中的应用情况；掌握管壳式换热设备的种类、结构特点、工作原理、优缺点及适用场合；理解强化传热过程的途径，掌握管壳式换热器的传热速率方程、热量衡算方程、总传热系数、平均温度差的求算；掌握管壳式换热器的维护和检修措施。

能力目标

　　能够根据物料的性质和使用场合选择合适的管壳式换热设备；能够对换热设备进行选材和正确使用；能够对管壳式换热器进行日常维护和检修。

观察与思考

　　图 3-1 是管壳式换热器的外部结构图，通过拆卸，请仔细观察其结构，思考以下几个问题。

　　• 管壳式换热器由哪些零部件组成？是如何进行传热的？

　　• 冷、热流体流动通道如何确定？当冷、热流体温差较大时，其结构上该采取什么措施来与之适应？

图 3-1　管壳式换热器

第一节　管壳式换热器的分类

　　管壳式换热器又称列管式换热器。管壳式换热器是以封闭在壳体中管束的壁面作为传热面的间壁式换热器。这种换热器结构较简单，制造容易，选材范围广，清洗方便，适应性强，可用各种结构材料（主要是金属材料）制造，工作可靠，具有悠久的使用历史。虽然它在传热效率、紧凑性及金属耗量等方面不如近年来出现的其他新型换热器，但其具有结构坚固、可承受较高的压力、制造工艺成熟、适应性强及选材范围广等优点，目前，仍是化工生产中应用最广泛的一种间壁式换热器。近年来，管壳式换热器尽管受到了其他新型换热器的挑战，但反过来也促进了自身的发展。在换热器向高参数、大型化发展的今天，随着新型高效传热管的不断出现，使得管壳式换热器的应用范围得以扩大，更增添了管壳式换热器的生命力。

一、管壳式换热器的分类

管壳式换热器由壳体和管束组成，外壳是一个圆筒形压力容器，内部是由管板和换热管组成的管束。管壳式换热器有多种结构形式，主要由壳体、管箱、管束、管板、折流板及附件等组成。操作时，一种流体在管束及管箱内流动，其经过的路程称为管程；另一种流体在管束与壳体之间的间隙中流动，其经过的路径称为壳程。

根据管壳式换热器的结构特点可分为固定管板式、浮头式、U形管式、填料函式四大类。

1. 固定管板式换热器

固定管板式换热器（图 3-2）是指管板和壳体之间是刚性连接在一起，相互之间无相对移动。这种换热器结构简单、紧凑、能承受较高的压力，制造方便、造价较低；在相同直径的壳体内可排列较多的换热管，而且每根换热管都可单独进行更换和管内清洗，但管外壁清洗较困难；当管束与壳体的壁温或材料的线胀系数相差较大时，会在壳壁和管壁中产生温差应力，一般当温差大于 50℃时就应考虑在壳体上设置膨胀节以减小或消除温差应力。

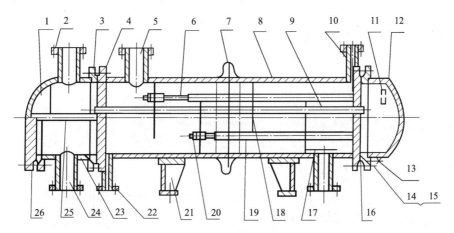

图 3-2　固定管板式换热器基本结构

1—管箱；2—接管法兰；3—设备法兰；4—管板；5—壳程接管；6—拉杆；7—膨胀节；8—壳体；9—换热管；
10—排气管；11—吊耳；12—封头；13—顶丝；14—双头螺柱；15—螺母；16—垫片；17—防冲板；
18—折流板或支承板；19—定距管；20—拉杆螺母；21—支座；22—排液管；
23—管箱壳体；24—管程接管；25—分程隔板；26—管箱盖

固定管板式换热器适用于壳程流体清洁，不易结垢，管程常要清洗，管、壳程两侧温差不大的场合。

2. 浮头式换热器

浮头式换热器的一端管板是固定的,另一端可相对壳体自由移动,称为浮头。浮头由浮头管板、钩圈和浮头端组成,是可拆结构,管束可从壳体内抽出。其结构如图 3-3 所示。管束与壳体的热变形互不约束,因而不产生热应力。浮头式换热器的优点是管内、管外清洗均方便,当换热管与壳体有温差存在,壳体或换热管膨胀时,互不约束,消除了热应力;缺点是结构复杂、材料消耗量大,造价高(比固定管板式高 20%),浮头处若密封不严会造成两种流体混合且不易察觉,制造时对密封要求较高。为使浮头管板和管束检修时能够一起抽出,在管束外缘与壳壁之间形成宽度为 16~22mm 的环隙,这样不仅减少了排管数目,而且增加了旁路流路,降低了换热器的热效率。

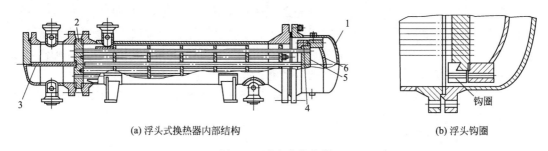

(a)浮头式换热器内部结构　　　　　　　　　　(b)浮头钩圈

图 3-3　浮头式换热器

1—壳盖；2—固定管板；3—隔板；4—浮头钩圈法兰；5—浮动管板；6—浮头盖

浮头式换热器适用于冷、热流体温差较大或壳程介质易结垢常需要清洗的场合。

3. U 形管式换热器

U 形管式换热器不同于固定管板式和浮头式,只有一块管板,换热管制成 U 形,两端固定在同一块管板上;管板和壳体之间通过螺栓固定在一起,其结构如图 3-4 所示。这种换热器结构简单、造价低,管束可在壳体内自由伸缩,无温差应力,也可将管束抽出清洗且还节省了一块管板;但 U 形管管内清洗困难且管子更换也不方便,由于 U 形弯管半径不能太小,故与其他管壳式换热器相比布管较少,结构不够紧凑。

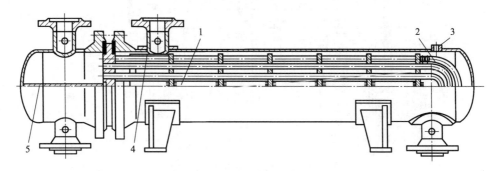

图 3-4　U 形管式换热器

1—中间挡板；2—U 形换热管；3—排气口；4—防冲板；5—分程隔板

U 形管式换热器适用于冷、热流体温差较大、管内走清洁不结垢的高温、高压、腐蚀性较大的流体的场合。

4. 填料函式换热器

填料函式换热器结构如图 3-5 所示。这种换热器的结构特点是管板只有一端与壳体固定，另一端采用填料函密封。填料函式换热器具有浮头式的优点且结构简单、制造方便、节省材料，造价比较低廉，且管束从壳体内可以抽出，管内、管间都能进行清洗，维修方便。缺点是填料密封耐压不高，一般用于压力不超过 4.0MPa 的情况，不适用于壳程流体易挥发、易燃、易爆及有毒的情况，使用温度也受填料物性限制。目前填料函式换热器已很少采用。

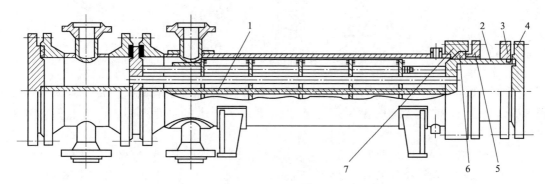

图 3-5　填料函式换热器

1—纵向隔板；2—浮动管板；3—活套法兰；4—部分剪切环；5—填料压盖；6—填料；7—填料函

二、管壳换热器流体通过管程或壳程的选择

换热时介质应走管程还是壳程，需要考虑多方面因素，总的原则是有利传热、防止腐蚀、减少阻力、不易结垢、便于清扫。具体需考虑下述因素。

① 腐蚀性介质走管程，以免使管程和壳程材质都受到腐蚀。

② 有毒介质走管程，这样泄漏的机会就少一些。

③ 流量小的流体走管程，以便选择理想的流速，流量大的流体宜走壳程。

④ 高温、高压流体走管程，因管子直径较小，可承受较高的压力。

⑤ 容易结垢的流体在固定管板式和浮头式换热器中走管程，在 U 形管式换热器中走壳程，这样便于清洗和除垢。

⑥ 若是在冷却器中，一般是冷却水走管程、被冷却流体走壳程。流体的流向对传热也有较大的影响，为充分利用同一介质冷热对流的原理，以提高传热效率和减少动力消耗，无论管程还是壳程，当流体被加热或蒸发时，流向应由下向上；当流体被冷却或冷凝时应由上向下。

第二节　管壳式换热器的主要结构

一、管程结构

1. 换热管

（1）换热管的结构和材料　换热管是管壳式换热器的传热元件，它直接与两种介质接触。换热管一般采用无缝钢管，除光管外，为了强化传热，还可以做成各种各样的强化传热管，如图 3-6 所示的翅片管、螺纹管、螺旋槽管等。当管内外两侧给热系数相差较大时，翅片管的翅片应布置在传热系数低的一侧。

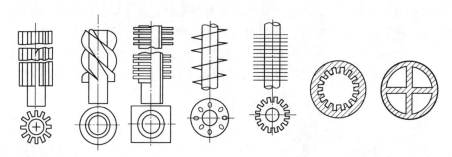

图 3-6　换热管

换热管的材料要主要根据工作压力、温度和介质腐蚀性等来选择。常用金属材料有碳素钢、低合金钢、不锈钢、铜、铝、铝合金等；非金属材料有石墨、陶瓷、聚四氟乙烯等。

（2）换热管的尺寸　换热管的尺寸一般用"外径×壁厚"表示（单位均为 mm），常用换热管为：碳钢、低合金钢管有 $\phi19×2$、$\phi25×2.5$、$\phi38×3$、$\phi57×3.5$；不锈钢管有 $\phi25×2$、$\phi38×2.5$。为了提高管程的传热效率，通常要求管内的流体呈湍动流动（一般液体的流速为 $0.3\sim2m/s$，气体流速为 $8\sim25m/s$），故一般要求管径要小。采用小管径，布管数量多，单位体积的传热面积大，金属耗量少，结构紧凑，传热效率也稍高一些。据估算，同直径换热器的换热管由 $\phi25×2.5$ 改为 $\phi19×2$，传热面积可以增加 40% 左右，节约金属 20% 以上，但小直径管子制造较麻烦，且阻力大、易结垢，不易清洗。所以一般对清洁流体用小直径的管子，黏性较大或污浊的流体采用大直径的管子。

在相同传热面积下，换热管越长则壳体、封头的直径和壁厚越小，经济性越好；但换热管过长，经济效果不再显著，且清洗、运输、安装都不太方便。换热管的长度规格有 1.5m、2.0m、3.0m、4.5m、6.0m、7.5m、9.0m、12m 等，6m 管长的换热器最常用。换热管的数量、长度和直径根据换热器的传热面积而定，所选的直径和长度应符合规格。

（3）换热管在管板上的排列形式及中心距　换热管的排列要求是在整个管板上排布均匀，并且还要考虑几何分布、流体性质、结构设计、制造等方面的因素。最常用的排列形式有正三角形、转角正三角形、正方形、转角正方形排列，如图 3-7 所示。其中三角形排列布管多，结构紧凑，但管外清洗不便；正方形排列便于管外清洗，但布管较少、结构不够紧凑。一般在固定管板式换热器中多用正三角形排列，浮头式换热器多用正方形排列。

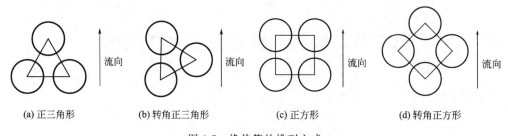

(a) 正三角形　　　　(b) 转角正三角形　　　　(c) 正方形　　　　(d) 转角正方形

图 3-7　换热管的排列方式

换热管中心距离要考虑管板强度、传热效率、结构紧凑性和清洗管子外表面所需空间大小等，还与管子在管板上的固定方式有关。通常换热管的管间距应不小于管子外径的 1.25 倍，常用管间距可根据管外径按表 3-1 确定。

表 3-1　常用换热管中心距　　　　　　　　　　　　mm

换热器外径 d_0	10	14	19	25	32	38	45	57
换热管中心距 S	13～14	19	25	32	40	48	57	72
分层隔板槽两侧相邻管中心距 S_n	28	32	38	44	52	60	68	80

2. 管板

管板是换热器中较为重要的受力部件之一，管板主要用来排布换热管，管板还起分隔管程和壳程空间、避免冷热流体混合并同时承受管程、壳程压力和温度的作用。

（1）管板的结构形式　根据换热器的不同类型，管板的结构形式也各不相同，主要分为平板式、椭圆形式、双管板和高温高压换热管板等，其中最常用的是平板式管板。圆形平面管板如图 3-8 所示，在板上开孔并装设换热管。圆形平面管板厚度较厚，材料耗用大，机械加工困难，热应力大，换热管与管板的连接处易泄漏。为了改善其性能，国内外都在研制降低管板厚度的新型管板，如图 3-9 所示的椭圆形管板，图 3-10 所示的碟形管板，其受力情况比平板好，厚度较薄，管板两面的温差也较小，从而产生的温差应力也较小；如图 3-11 所示的挠性管板，管板与壳体之间有一圆弧过渡且较薄的挠性管板，此结构特点使其具有较好的弹性，能够起到补偿管束与壳体间温差应力的作用。

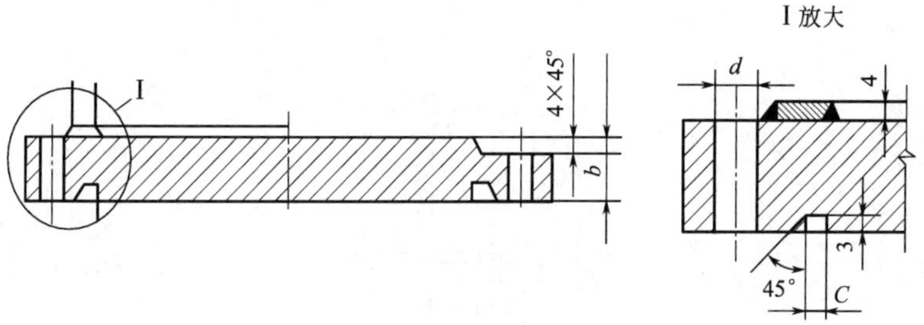

图 3-8　圆形平面管板

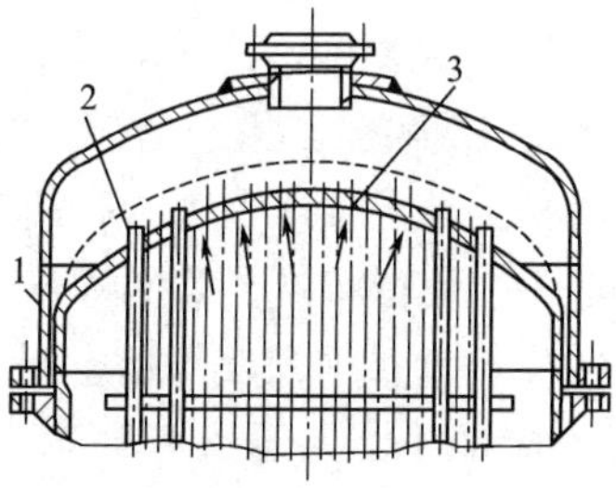

图 3-9　椭圆形管板
1—封头；2—换热管；3—椭圆管板

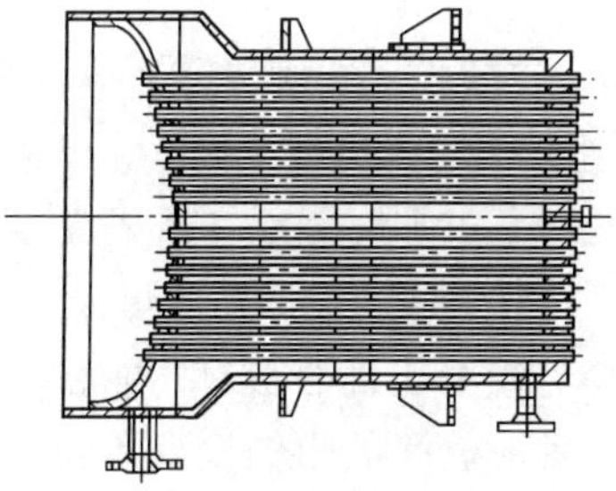

图 3-10　碟形管板

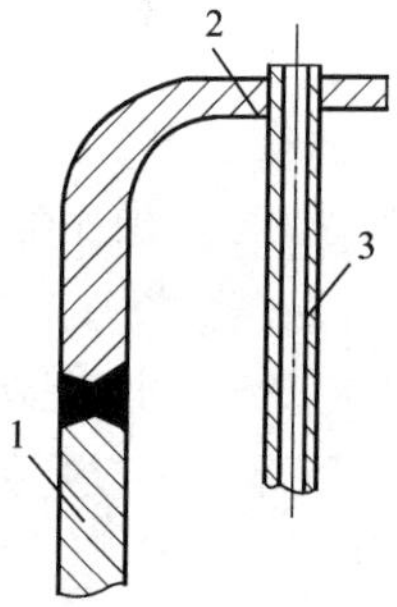

图 3-11　挠性管板
1—筒体；2—挠性管板；
3—换热管

（2）材料　管板常用的材料有低碳钢、普通低合金钢、不锈钢、合金钢和复合钢板等。工程设计中为了节省耐蚀材料，常采用不锈复合钢板，复合钢板可直接轧制或堆焊一覆盖层，其中基层为碳钢或者普通低合金钢，用以承受机械载荷，而复层为不锈钢，用于抵抗介质的腐蚀。

（3）管板与换热管的连接 管板和换热管的连接方式主要有强度胀接、强度焊接和胀焊结合的方式。

① 强度胀接 胀接连接是利用管子与管板材料的硬度差，使管孔中的管子在胀管器强

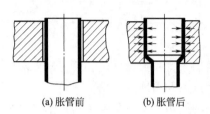

(a) 胀管前   (b) 胀管后

图 3-12 胀管前后示意图

力滚子的压力作用下直径变大，并产生塑性变形，同时使管板孔产生弹性变形。当取出胀管器后，管板孔产生弹性收缩，企图恢复到原来直径大小，但管端因塑性变形不能恢复到原来直径，从而使管端外表面与管孔内表面紧紧贴合在一起，达到密封和紧固连接的目的，如图3-12所示。

由于胀接是靠管子的变形来达到密封和压紧的一种机械连接方法，当温度升高时，由于蠕变现象的作用可能引起接头脱落。为提高胀接质量，管板材料的硬度要高于管子材料的硬度。若选用同样的材料，可采用管端退火的方式来降低硬度，但在有应力腐蚀的作用下，不宜采用。另外也可采用管孔中开环形槽的方式来提高抗拉脱力，增强密封性。管板中开槽数目与管板厚度有关，一般，厚度小于25mm时采用单槽，厚度大于25mm时采用双槽。对于管子的管径小于14mm，管壳程流体为无腐蚀性、无毒、非易燃介质时，管孔可采用光孔结构，如图3-13所示。

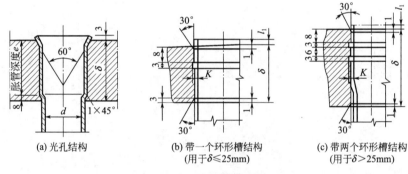

(a) 光孔结构   (b) 带一个环形槽结构   (c) 带两个环形槽结构
                          （用于$\delta \leqslant 25mm$）   （用于$\delta > 25mm$）

图 3-13   胀接管孔结构

胀接适用于换热管为碳钢，管板为碳钢或低合金钢，设计压力不超过4MPa，设计温度不超过350℃，操作中无剧烈振动，无过大温度变化，无严重应力腐蚀，且无特殊要求的场合。

② 强度焊接 当温度在300℃以上时，蠕变造成胀接残余应力松弛，易使胀口失效。故温度在300℃以上或压力高于4MPa时，大都采用焊接连接。强度焊接是指将换热管的端部与管板焊在一起，保证换热管与管板连接的密封性能和抗拉强度的焊接。目前强度焊接应用较为广泛，管孔不需要开槽，且对管孔的粗糙度要求也不高，管子端部不需要退火和磨光，因此制造加工方便。强度焊接结构强度高，抗拉脱力强，且在高温高压下仍能保持良好的连接效果，当焊接部分有泄漏时，可以补焊或利用专用工具拆卸后予以更换。除有较大振动及有间隙腐蚀的场合，只要材料可焊性好，强度焊可用于任何场合。

当换热管和管板焊接后，管子和管板中存在残余应力与应力集中，在运行中可能引起应力腐蚀与疲劳。此外，在焊接接头处，管端与管板孔之间有间隙，管子和管板之间的间隙中存在不流动的液体与间隙外的液体有浓度差，还容易产生间隙腐蚀。因此，焊接法不适用于有较大振动及有间隙腐蚀的场合。管板与换热管的焊接连接结构如图3-14所示。

图3-14(a)图为一般的管外焊接结构，图3-14(b)用于立式换热器焊接结构，主要为

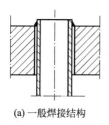

(a) 一般焊接结构

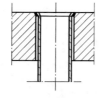

(b) 立式换热器焊接结构

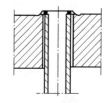

(c) 不锈钢板和换热管焊接结构

图 3-14 管板与换热管的焊接连接

了避免积液，采用管孔内焊，这种结构对焊接技术要求很高，一般采用自动氩弧焊机进行焊接才能使质量得到保证。图 3-14(c) 所示结构一般用于不锈钢板和换热管的焊接连接，因为不锈钢材料敏感、易裂，所以在管孔周围开小槽，以减小焊接应力，管板经焊接后产生的变形也小。这种结构的缺点是加工麻烦且工作量也大。

③ 胀焊结合 强度胀接和强度焊接各有优缺点，单独采用某一方法都有一定的局限性，因此，出现了胀接加焊接的方式。胀焊结合适用于密封性能要求较高及有间隙腐蚀的场合，以及承受振动或疲劳载荷的场合。

胀焊结合的结构，从加工工艺来看有先胀后焊（强度胀加焊接）和先焊后胀（强度焊加胀接）两种，如图 3-15、图 3-16 所示。强度胀接加密封焊，此时胀接承载并保证密封，焊接只是辅助性防漏；强度焊加贴胀，焊接承载并保证密封，贴胀是为了消除间隙。具体采用哪种连接方法一般根据各制造厂的加工工艺、设备条件及习惯而定的。

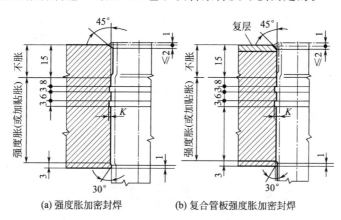

(a) 强度胀加密封焊

(b) 复合管板强度胀加密封焊

图 3-15 强度胀加焊接

先胀后焊是胀管后使管壁紧贴于管板孔壁上，防止焊接后再胀管引起焊缝产生裂纹，有利于提高焊缝疲劳性能。但是在胀管时使用的润滑油可能进入接头的缝隙中，这些残留油污和间隙中的空气，在焊接过程中的高温的作用下，会生成气体而受热膨胀从焊缝中逸出，使焊缝产生气孔，严重时会影响焊缝质量，因此焊前需要将油污清洗干净。

先焊后胀能防止油污在接头焊缝中存在空气受热膨胀，有利于焊缝质量，但先焊后胀有时会使焊缝受到损坏。为了防止此现象的产生，除在胀管时仔细操作控制外，在管端胀接时，要控制在距离管板表面 15mm 范围内不进行胀接，以免胀管时损坏焊缝。先焊后胀对胀管位置要求较高。

焊接加胀接方法能够提高接头的抗疲劳性能，消除应力腐蚀和间隙腐蚀，从而延长接头的使用寿命，适用于密封性能要求高、承受疲劳或振动载荷、有间隙腐蚀的场合。

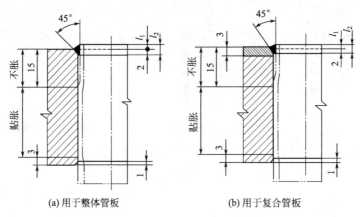

(a) 用于整体管板   (b) 用于复合管板

图 3-16　强度焊加胀接

3. 管板与壳体的连接

不同类型的换热器其壳体与管板的连接方式不同，管板与壳体的连接有不可拆式连接和可拆式连接两种。

（1）不可拆式连接　在固定管板式中，两端管板均与壳体采用焊接连接且管板兼作法兰用，如图 3-17 和图 3-18 所示。由于设备直径的大小、压力的高低以及换热器介质的毒性和易燃性等，所以必须考虑采用不同的焊接方式和焊接结构。

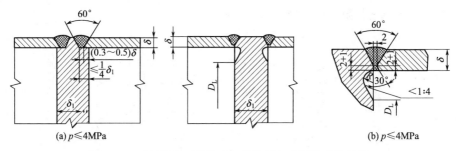

(a) $p \leqslant 4\text{MPa}$ (b) $p \leqslant 4\text{MPa}$

图 3-17　延长部分不兼作法兰的管板与壳体的连接结构

（2）可拆式连接　在浮头式、U 形管式及填料函式换热器中，管板本身不直接与壳体焊接，以便于将管束从壳体中抽出检修和清洗，故需将固定管板制成可拆连接，即将管板夹持在壳体法兰和管箱法兰之间进行固定，又称夹持式管板连接，如图 3-19 所示。

4. 管箱与接管

（1）管箱　壳体直径较大的换热器大多采用管箱结构。换热器管内流体进出的空间称为管箱（或称分配室）。管箱位于壳体两端，其作用是把从管道输送来的流体均匀地分布到各换热管，或把管内流体汇集到一起输送出去。在多管程结构的换热器中，管箱还起着分隔管程、改变流向的作用。管箱结构应便于装拆，因为清洗、检修管子时需要拆下管箱。

管箱的结构形式主要以换热器是否需要清洗或管束是否需要分程等因素决定。管箱的结构如图 3-20 所示，其中图（a）适用于较清洁的介质，因为在检查管子及清洗时必须将连接管道整体卸下，故不够方便；图（b）在管箱上装有平盖，只要拆下平盖（不需拆连接管）即可进行清洗和检查，所以工程应用较多，但材料用量较大；图（c）是将管箱与管板焊成整体，从结构上看，可以完全避免在管板密封处的泄漏，密封性好，但管箱不能单独拆下，检修、清洗都不方便，实际应用较少；图（d）为多管程隔板的结构形式。

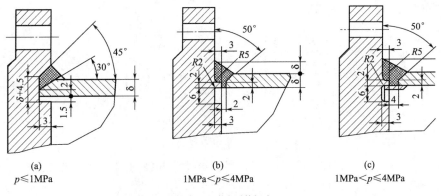

(a)

$p{\leqslant}1\text{MPa}$　　　　(b)　　　　(c)

$1\text{MPa}{<}p{\leqslant}4\text{MPa}$　　$1\text{MPa}{<}p{\leqslant}4\text{MPa}$

不宜用于易燃易爆易挥发及有毒介质的场合

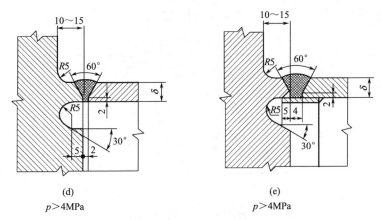

(d)　　　　　　　(e)

$p{>}4\text{MPa}$　　　　$p{>}4\text{MPa}$

图 3-18　延长部分兼作法兰的管板与壳体的连接结构

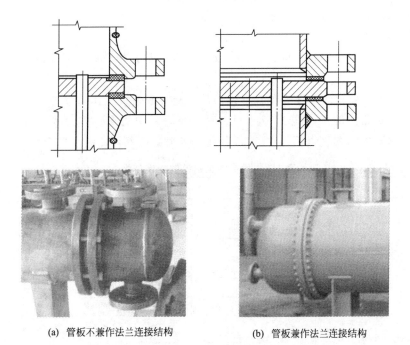

(a) 管板不兼作法兰连接结构　　　　(b) 管板兼作法兰连接结构

图 3-19　可拆式管板夹持形式

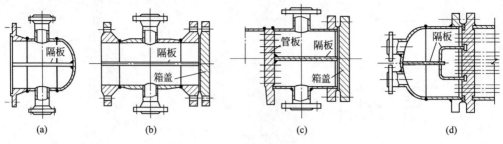

图 3-20　管箱结构形式

（2）接管　接管应与壳体内表面平齐且尽量沿壳体的径向或轴向设置；接管可采用带法兰的短管与壳体焊接连接，再与外部管线的法兰连接。

液体进出口接管的大小，可先根据流体的体积流量和按表格 3-2 选定的适宜流速计算出接管的内径，然后按照标准管径系列尺寸圆整并进行选用。

表 3-2　不同流体适宜的流速范围

流体的类别及情况	适宜流速范围/m·s^{-1}	流体的类别及情况	适宜流速范围/m·s^{-1}
自来水（$3×10^5$Pa 左右）	1~15	低压蒸汽	12~15
水及低黏度液体	1.5~3.0	高压蒸汽	15~20
高黏度液体	0.5~1.0	一般空气（常压）	10~20
饱和蒸汽	20~40	流体自流速度（冷凝水等）	0.5
过热蒸汽	30~50	真空操作下气体流速	<10

5. 管束分程

在管壳式换热器中，增加管数可增加换热面积，但是当流量一定时介质在管束中的流速随着换热管的增加而下降，结果反而会使流体的传热系数降低，故增加换热管不一定达到所需要的换热要求。要保持流体在管束中较大的流速，可将管束分成若干程数，使流体依次流过各程换热管，以增加流体流速，提高传热系数。

管程数是指介质沿换热管长度方向往返次数，壳程数是指介质在壳程内沿壳体轴向往返次数。

表 3-3 列出了几种管束分程的布置形式。从制造、安装、操作角度考虑，偶数管程有更多的方便之处，最常用的程数是 1、2 和 4。对于每一程中的管数应大致相等，且程和程之间温度相差不宜过大，温度以不超过 20℃为宜，否则在管束和管板中将产生很大的热应力。

表 3-3　管壳式换热器的管束分程

管程数	1	2	4		6	
流动顺序	○	○	○	○	○	○
管箱隔板	○	○	○	○	○	○
介质返回侧隔板	○	○	○	○	○	○

二、壳程结构

壳程主要由壳体和接管、折流板、支持板、纵向隔板、拉杆、防冲挡板、防短路结构等元件组成。

1. 壳体和接管

换热器的壳体为压力容器，一般为长圆筒，壳体上焊有接管，供冷热流体进入和排出之用。对壳程接管的一般要求与管程接管相同。壳程接管进口处的管束易受到高流速介质的冲击，产生侵蚀和振动，为了保护管束，常将壳体接管入口制成喇叭状，以降低入口流速，起到缓冲作用，如图 3-21 所示。为了防止进口流体直接冲击管束而造成管子的侵蚀和振动，壳程进口接管处也常装有防冲板（图 3-22）或导流筒（图 3-23），将流体导至靠近管板处才进入管束间，消除了接管至管板段的滞流死区，也更充分地利用了换热面积，如图 3-22、图 3-23 所示。

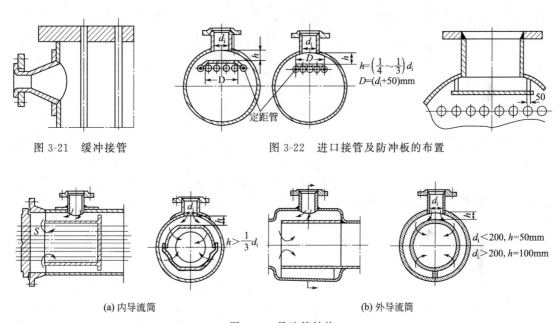

图 3-21　缓冲接管　　　　图 3-22　进口接管及防冲板的布置

(a) 内导流筒　　　　　　　　(b) 外导流筒

图 3-23　导流筒结构

2. 折流板和支持板

（1）折流板　安装折流板的目的是提高壳程流体的流速，增加湍动程度，并使壳程流体垂直冲刷管束，以改善传热，增大壳程流体的传热系数，同时减少结垢。在卧式换热器中，折流板还可起到支承管束的作用。

常用折流板有弓形和圆盘-圆环形两种。弓形的有单弓形（图 3-24）、双弓形（图 3-25）及三弓形（图 3-26），单弓形和双弓形应用最多。在大直径换热器中，如折流板的间距较大，流体绕到折流板背后接近壳体处，会有一部分流体停滞，形成了对传热不利的"死区"。为了消除这个弊端，宜采用多弓形折流板。如双弓形折流板，因流体分为两股流动，在折流板之

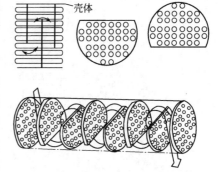

图 3-24　单弓形折流板

间的流速相同时，其间距只有单弓形的一半，这样不仅减少了传热死区，还提高了传热效率。

图 3-25 双弓形折流板　　　　　　　　　　　图 3-26 三弓形折流板

单弓形折流板缺口的大小对流体流动有重要影响，如图 3-27 所示，切口切除过少或过多都会影响流体传热效率。折流板弓形缺口高度应使流体流过弓形缺口和横向流过管束时的流速相近，以减少流体阻力。通常切去的弓形高度为壳体公称直径的 20%～45%，常用的是 20% 和 25% 两种。

(a) 切除过少　　　　　　　(b) 切除适当　　　　　　　(c) 切除过多

图 3-27 单弓形折流板缺口大小对流体流动的影响

折流板的间距对壳程流体的流动也有重要影响。一般按等间距布置，最小间距应不小于圆筒内径的 1/5，且不小于 50mm，最大间距应不大于圆筒内直径。管束两端的折流板应尽量靠近壳程进、出口接管。折流板上管孔与换热管之间的间隙以及折流板与壳体内壁之间的间隙应合乎要求，间隙过大，泄漏严重，对传热不利，还易引起振动；间隙过小，安装困难。

弓形折流板的布置也很重要，对卧式换热器，弓形折流板分缺口上下方向和左右方向排列。缺口上下排列，可造成流体的剧烈扰动，增大给热系数；缺口左右排列，有利于蒸汽冷凝液的排除或含有悬浮物的流体的流动。若卧式换热器壳程输送的是单相清洁流体时，折流板的缺口应水平上下布置；如输送气体，其中含有少量液体时，应在缺口朝上的折流板的底部开通液口，如图 3-28(a) 所示；输送液体，其中含有少量气体时，应在缺口朝下的折流板的最高处开通气口，如图 3-28(b) 所示。如壳程输送的是气液相共存或液体中含有悬浮物的介质时，折流板的缺口应左右布置，并在折流板的最底部开通液口，如图 3-28(c) 所示。

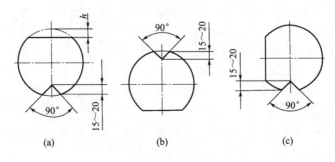

(a)　　　　　　　　　　(b)　　　　　　　　　　(c)

图 3-28 折流板安装形式与几何尺寸

圆盘-圆环形折流板由于结构比较复杂，不便于清洗，一般用于压力较高和物料清洁的场合，其结构如图 3-29 所示。根据需要也可以使用其他形式的折流板，如弓形圆盘、圆环组合折流板，如图 3-30 所示；双壳程可使用 90℃缺口折流板，如图 3-31 所示。

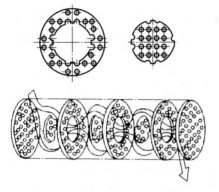

图 3-29　圆盘-圆环形折流板

图 3-30　圆盘-圆环形、弓形组合折流板

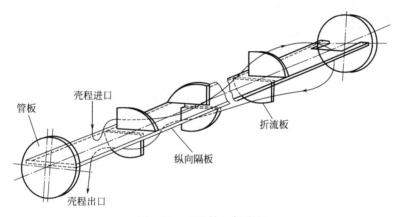

图 3-31　90℃缺口折流板

为了加强传热，也有将折流板做成螺旋状，如图 3-32 所示。因为传统换热器中普遍应用的弓形折流板存在阻流与压降大、有流动滞死区、易结垢、传热的平均温差小、振动条件下易失效等缺陷，近年来逐渐被螺旋折流板所取代。理想的螺旋折流板应具有连续的螺旋曲面，如图 3-32(a) 所示；由于加工困难，也常由若干个 1/4 的扇形平面板替代曲面相间连接，形成近似的螺旋面，如图 3-32(b) 所示。在折流时，流体处

(a) 连续螺旋折流板

(b) 非连续螺旋折流板

图 3-32　螺旋折流板

于近似螺旋流动状态，相比于弓形折流板，在相同工况下，非连续型螺旋折流板可减少压降 45％左右，而总传热系数可提高 20％～30％，在相同热负荷下，可大大减小换热器的尺寸。

（2）支持板 从传热观点看，有些换热器（如冷凝器）不需要设置折流板。但是为了增加换热管刚度，防止管子产生过大挠度或引起管子振动，当换热器无支承跨距超过了标准中的规定值时（表 3-4），必须设置一定数量的支持板，其形状与尺寸按折流板一样处理。

表 3-4　最大无支承跨距 mm

换热管的外径	10	14	19	25	32	38	45	57
最大无支承跨距	800	1100	1500	1900	2200	2500	2800	3200

折流板与支撑板的固定一般是通过拉杆和定距管来实现的。换热管外径大于 14mm 时，主要用拉杆和定距管连接，如图 3-33 所示。拉杆是一根两端皆带有螺纹的长杆，一端拧入管板。折流板穿在拉杆上，各板之间则以套在拉杆上的定距管来保持板间距离。最后一块折流板可用螺母拧在拉杆上予以紧固。换热管外径小于等于 14mm 时，也有采用螺纹与焊接相结合连接或全焊接连接的，如图 3-34 所示。

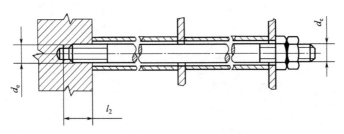

(a) 拉杆、定距管结构图

(b) 拉杆、定距管实物图

(c) 拉杆、折流板固定图

图 3-33　拉杆定距管

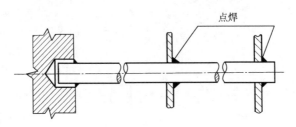

图 3-34　拉杆点焊结构

拉杆的直径一般不得小于 10mm，数量不得少于 4 根。各种尺寸换热器的拉杆直径和拉杆数量分别见表 3-5、表 3-6。

表 3-5 拉杆直径 mm

换热管外径	10	14	19	25	32	38	45	57
拉杆直径	10	12	12	16	16	16	16	16

表 3-6 拉杆数量

拉杆直径/mm	公称直径/mm						
	$DN<400$	$400\leqslant DN<700$	$700\leqslant DN<900$	$900\leqslant DN<1300$	$1300\leqslant DN<1500$	$1500\leqslant DN<1800$	$1800\leqslant DN<2000$
10	4	6	10	12	16	18	24
12	4	4	8	10	12	14	18
16	4	4	6	6	8	10	12

（3）折流杆　为了解决传统折流板换热器中换热管与折流板的切割破坏和流体诱导振动，近年来开发了一种新型的管束支撑结构——折流杆支撑结构，如图 3-35 所示。它由折流圈和焊在折流圈上的支撑杆所组成，管子之间用圆环相连，四个圆环组成一组，因而能牢固地将管子支撑住，有效地防止管束的振动。同时又起到了强化传热、防止污垢沉积和减少阻力的作用。

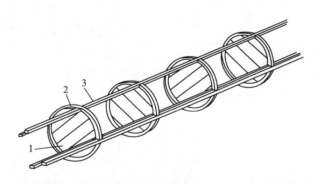

图 3-35　折流杆支撑结构
1—支撑杆；2—折流杆；3—滑轨

3. 防短路挡板

为了防止壳程流体流动到某些区域发生短路，降低传热效率，需要采用防短路挡板。常用的防短路结构有旁路挡板和中间挡板。

（1）旁路挡板　当壳体壁与管束的最外缘之间存在较大间隙时，会形成旁流，降低传热效率，如浮头式、U 形管式和填料函式换热器，为减少旁流，可增设旁路挡板迫使壳程流体通过管束与管程流体进行热交换，旁路挡板嵌入折流板槽内，并与折流板焊接，如图3-36 所示。旁路挡板可用钢板或者扁钢制成，厚度一般与折流板相同。旁路挡板数量根据壳体公称直径选取，当 $DN\leqslant 500mm$ 时，增设 1 对旁路挡板；$DN=500mm$ 时，增设 2 对旁路挡板；$DN\geqslant 1000mm$ 时，增设 3 对旁路挡板。

（2）中间挡板 在 U 形管式换热器中，管束中间部分有较大的间隙，流体在此处短路而影响传热效率，因此可以在管束中间通道处设置中间挡板的方法解决。中间挡板一般不超过 4 块，可与折流板点焊固定，如图 3-37 所示。

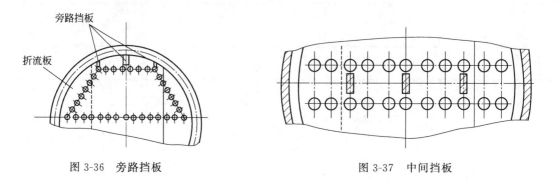

图 3-36 旁路挡板   图 3-37 中间挡板

（3）中间挡管 为防止管间短路，在分程隔板槽背面两管板之间设置两端堵死的管子，即挡管，如图 3-38 所示；挡管一般与换热管规格相同，可与折流板点焊固定，也可用拉杆（带定距管或不带定距管）代替。挡管每隔 3～4 排换热管设置 1 根，但不设置在折流板缺口处。

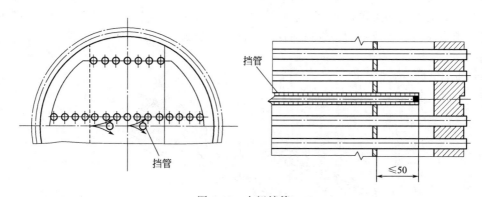

图 3-38 中间挡管

4. 膨胀节

膨胀节是一种装在固定管板式换热器壳体上有一定伸缩量的弹性补偿元件，可通过它的弹性变形，在一定温度范围内消除或减小温差应力。但这种补偿能力有限，当壳程流体压力较大时，强度的要求使补偿圈过厚，难以伸缩，失去温差补偿作用，就应采用其他补偿结构，如浮头式、U 形管式、填料函式换热器等。

膨胀节的结构型式较多，常见的有鼓形、Ω 形、U 形、平板形和 Q 形等几种，如图 3-39 所示。其中图（a）、图（b）所示两种平板焊接的膨胀节，结构简单，便于制造，但刚度较大，补偿能力小，只适用于常压和低压的场合。图（c）、图（d）所示为 Ω 形膨胀节，适用于直径大、压力高的换热器。图（e）为 U 形膨胀节，其结构简单，补偿能力大，价格便宜，已有标准可选，最为常用，当要求补偿量较大时，可采用多波 U 形膨胀节，如图（f）所示。

膨胀节已有国家标准《压力容器波形膨胀节》（GB 16794—1997），选用或设计时可参照此标准。

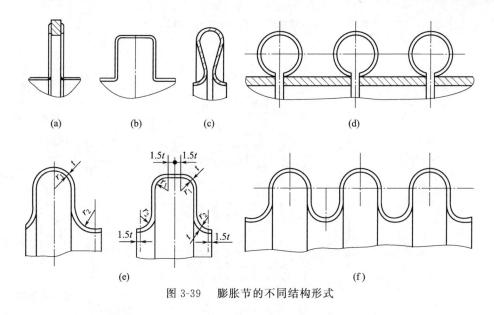

图 3-39　膨胀节的不同结构形式

第三节　标准管壳式换热器的选用

GB 151—1999《管壳式换热器》是管壳式换热器设计和制造的主要依据，适用的换热器有固定管板式、浮头式、U 形管式和填料函式。换热器的设计、制造、检验和验收除必须遵循这一规定外，还应遵守 GB 150—2011《钢制压力容器》和国家颁布的有关法令、法规和规章。

一、管壳式换热器的型号表示方法

按 GB 151 规定，管壳式换热器的型号按如下方式表示。

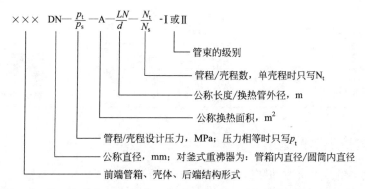

管壳式换热器的管束分为Ⅰ级和Ⅱ级。Ⅰ级管束采用较高级冷拔换热管，适用于无相变传热和易产生振动的场合；Ⅱ级管束采用普通级冷拔换热管，适用于重沸、冷凝传热和无振动的一般场合。

管壳式换热器主要部件的分类及代号见表 3-7。

AES500-1.6-54-6/25-4Ⅰ表示平盖管箱，公称直径 500mm，管程和壳程设计压力均为 1.6MPa，公称换热面积为 54m²，较高级冷拔换热管外径 25mm，管长 6m，4 管程单壳程的浮头式换热器。

表 3-7　管壳式换热器主要部件的分类及代号

前端管箱形式		壳体形式		后端结构形式	
A	平盖管箱	E	单程壳体	L	与A相似的固定管板结构
B	封头管箱	F	具有纵向隔板的双程壳体	M	与B相似的固定管板结构
C	用于可拆管束与管板制成一体的管箱	G	分流	N	与C相似的固定管板结构
		H	双分流	P	填料函式浮头
N	与管板制成一体的固定管板管箱	I	U形管式换热器	S	钩圈式浮头
		J	无隔板分流(或冷凝器壳体)	T	可抽式浮头
		K	釜式重沸器	U	U形管束
D	特殊高压管箱	O	外导流	W	带套环填料函式浮头

二、管壳式换热器的选型

管壳式换热器的应用范围很广，适应性很强。其允许压力可以从高真空到41.5MPa，温度可以从－100℃到1100℃，此外，它还具有容量大、结构简单、造价低廉、清洗方便等优点。因此它在换热器中是最主要的形式。

管壳式换热器选型步骤如下。

(1) 根据介质工况初步确定换热器类型　列出基本数据，包括冷热流体的流量、进出口温度、定性温度下基本物性参数、操作压强以及腐蚀性、悬浮物含量等。根据腐蚀性确定换热设备的材料（金属或非金属），由悬浮物含量确定清洗的难易程度，按照工作压力、温度和流量选择合适的换热器类型。

确定流体在空间的流通方式，计算平均温度差，同时确定是否需要温差补偿。

因管壳式换热器最为常见，结合表 3-7 中所列管壳式换热器部件，表 3-8 中给出了其封头及端部形式选取的一般要求。表 3-9、表 3-10 别给出了换热器的管程数限制值及最大管程数。

表 3-8　封头及端部形式选取的一般要求

污垢系数/m² · ℃ · W⁻¹		管束清洗方法①			前端固定式管箱②	尾端封头类型
管侧	壳侧	形式	管侧	壳侧		—
≤0.00018	所有	U 形管	—	—	A 或 B③	—
≤0.00035	所有	U 形管	C		A 或 B③	—
		U 形管	M④		A	
		可抽式	C	C	A 或 B③	S 或 T⑤⑥
			M	C	A	S 或 T⑤⑦
			C	M	A 或 B③	S 或 T⑤
			M	M	A	S 或 T⑤
≤0.00035	≤0.00035	固定式	C	C	A,B 或 C⑧	L,M 或 N⑨⑩
			M	C	A	L
>0.00035	所有	U 形管可挂式	M④	—	A	—
				C	A	S 或 T⑤
				M	A	S 或 T⑤
>0.00035	≤0.00035	固定式		C	A	L

① C：化学清洗；M：机械清洗，包括高压水力喷射清洗。

② A：当管侧或壳侧腐蚀裕度为 3.0mm 时，首选封头形式。

③ B：常用的，较为经济的封头形式。

④ 只用于管内侧可用高压水喷射清洗的冷却水系统。

⑤ 一般使用 S 形封头，除非有特殊要求时选 T 形封头。

⑥ 当壳侧污垢系数≤0.00035 时，可以使用不可拆端盖。

⑦ 当壳侧污垢系数≤0.00035，并且管侧可用高压水喷射清洗时，T 形封头可使用不可拆端盖。

⑧ B 或 C：常用形式，比 A 型经济。

⑨ M 或 N：常用形式，比 L 型经济。

⑩ L：当管侧腐蚀裕度为 3.0mm 时，首选封头形式。

表 3-9　各类换热器管程数限制

换热器类型	管程数限制
U 形管式	任意偶数：分程隔板只装在换热器前端
固定管板式	任意数：前、后两端均有分程隔板
拔出浮头式	任意偶数：对于单程管，必须有浮头端加装密封节，一般不用于单程管换热器
带外密封套环浮头式	单程管或双程管：因为尾部没有分程隔板
带双开卡环的浮头式	任意偶数：单程管时浮头端要加装密封节
带填料函的浮头式	任意数

表 3-10 最大管程数

壳内径/mm	最大管程数	壳内径/mm	最大管程数
<250	4	760~1020	10
250~510	6	1270	12
510~760	8		

（2）根据工艺条件确定具体结构和结构参数 由工作介质初选传热系数，通过热量衡算初步确定换热器的换热面积，由换热面积选定标准型号。对于已有国家标准系列换热器，如浮头式、固定管板式、U 形管式换热器等只需按照相应标准系列选用即可。

确定主要结构尺寸，其中包括换热面的选择，管子形状、管子布置、直径大小，折流板的形状、大小和间距等。并将主要工艺参数和结构参数列表，画出换热器的结构示意图。

（3）核定主要参数，并在满足基本要求的前提下比较综合性能 根据流量和管子直径核算流速；按照实际工况核算传热系数；校核传热面积和系统压力降。

通常换热器的选型计算往往需要重复多次，从而得出一组结果。然后再按工程应用的基本原则，根据工艺要求、设备尺寸、经济性能等多方面因素全面均衡，最后确定设备选用的最优方案。

第四节 管壳式换热器的传热分析和计算

前已述及，化工生产中的换热大多数是通过间壁式换热器来实现的，而管壳式换热器应用非常广泛，热传导和对流传热是两流体间传热计算的基础，本节主要解决有关管壳式换热器的传热计算问题。

一、传热速率方程

经过长期生产实践和科学实验总结证明，单位时间内通过换热器传热壁面的热量与传热面积成正比，与冷、热流体间的温度差成反比。管壳式换热器的传热速率可由下式表示

$$Q=KS\frac{\Delta t_2-\Delta t_1}{\ln\dfrac{\Delta t_2}{\Delta t_1}}=KS\Delta t_m=\frac{\Delta t_m}{\dfrac{1}{KS}}=\frac{传热总推动力}{传热总阻力} \tag{3-1}$$

式中 Q——单位时间内通过传热壁面的热量，称为传热效率，W；

K——传热系数，W/(m²·℃)；

Δt_m——换热器的任一截面上冷热流体的平均温度差，℃；

S——换热器的传热面积，m²。

传热系数是一个表示传热过程强弱的物理量，可将上式改写成以下形式

$$K=\frac{Q}{S\Delta t_m} \tag{3-2}$$

传热系数 K 的物理意义，即当冷热两流体之间的温度差为 1℃时，单位时间内通过单位传热面积，热流体传给冷流体的热量。K 值越大，在相同温差条件下，传递的热量也越多。在传热过程中，总是设法提高传热系数的值，以强化传热过程。

二、换热器热负荷

单位时间内冷、热流体在换热器中要交换的热量，称为该换热器的热负荷，以 Q' 表示。

这里必须说明，热负荷是生产工艺对换热器的换热能力的要求，数值大小是由工艺条件所定；传热速率 Q 是换热器实际的换热能力。一个能够满足工艺要求的换热器，必须满足 $Q \geq Q'$，在换热器计算时一般取 $Q = Q'$。

1. 管壳式换热器的热量衡算

在一个换热器中，若单位时间内热流体在换热器中放出的热量为 Q_h、冷流体在换热器中吸收的热量为 Q_c，换热器的热损失为 Q_f，根据能量守恒定律，则有

$$Q_h = Q_c + Q_f \tag{3-3}$$

若换热器的保温良好，热损失 Q_f 可忽略不计，单位时间内热流体放出的热量 Q_h 等于冷流体吸收的热量 Q_c。对于定常传热过程，也就是等于换热器热负荷 Q'，即

$$Q' = Q_h = Q_c \tag{3-4}$$

当热损失不可忽略不计时，则要考虑冷、热流体流动通道情况。对于列管式换热器，哪一种流体从换热器管程通过，该流体所放出或吸收的热量即为该换热器的热负荷 Q'。

2. 载热体换热量的计算

载热体换热量的计算就是参与换热的冷、热流体吸收或放出热量的计算。其具体的计算方法如下。

（1）显热法 由于载热体温度升高或降低而吸收或放出的热称为显热。显热法适用于载热体在热交换器过程中仅有温度变化的情况。计算公式如下

$$Q_h = G_h c_{ph} (T_1 - T_2) \tag{3-5}$$

$$Q_c = G_c c_{pc} (t_2 - t_1) \tag{3-6}$$

式中　G_h，G_c——热、冷流体的质量流量，kg/s；

　　　c_{ph}，c_{pc}——热、冷流体进出口平均温度下的平均比热容，J/(kg·℃)；

　　　T_1，t_1——热、冷流体的进口温度，℃；

　　　T_2，t_2——热、冷流体出口温度，℃。

比热容的意义是 1kg 物质温度每升高 1℃ 或者降低 1℃ 时所需要吸收或者放出的热量。它是物质的热力性质，可查相关资料，其数值由实验测定，不同的物质具有不同的比热容，同一物质的比热容随温度而变化。

【例 3-1】　将 0.417kg/s、353K 的某液体通过一换热器冷却到 313K，冷却水的进口温度 303K，出口温度不超过 308K，已知液体的比热容 $c_{ph}=1.38$kJ/(kg·℃)，若热损失可忽略不计，求该换热器的热负荷及冷却水的用量。

解：由于热损失可忽略不计，换热器的热负荷为

$$Q' = Q_h = G_h c_{ph} (T_1 - T_2) = 0.417 \times 1.38 \times 10^3 \times (353 - 313) = 23 \ (kW)$$

冷却水的消耗量可由热量恒算式确定。由于热损失可忽略不计，应有

$$Q_h = Q_c \quad 或者 \quad Q_h = G_c c_{pc} (t_2 - t_1)$$

冷却水的平均温度为 $(303 + 308)/2 = 305.5$K，由相关手册查得水的比热容为 4.18kJ/(kg·℃)，则有

$$G_c = \frac{Q_h}{c_{pc}(t_2 - t_1)} = \frac{23000}{4.18 \times 10^3 \times (308 - 303)} = 1.1 \ (kg/s)$$

（2）潜热法 由于载热体的聚集状态发生变化而放出或吸收的热称为潜热。物质的聚集状态发生变化又称为相变，潜热法适用于载热体在热交换过程中仅有相变化的情况。其相变热计算式如下

$$Q_h = G_h r_h \tag{3-7}$$

$$Q_c = G_c r_c \tag{3-8}$$

式中 r_h，r_c——热、流体的相变热，J/kg。

相变热也是物质的热力性质，其数值由实验测定，流体的相变热与操作压强有关，同一压强在同一温度下的汽化与冷凝相变热相同。常见流体的汽化潜热可查相关手册。

【例 3-2】 某列管换热器用压强为 110kN/m^2 的饱和蒸汽加热某冷液体。流量为 $5 \text{m}^3/\text{h}$ 的冷液体在换热管内流动，温度从 293K 升高到 343K，平均比热容为 1.756kJ/(kg·℃)，密度为 900kg/m^3。若换热器的热损失估计为该换热器热负荷的 8%，试求热负荷及蒸汽消耗量。

解：冷液体在列管换热器的管程被加热，该换热器的热负荷在数值上等于冷流体吸收的热量，即

$$Q' = Q_c = G_c c_{pc}(t_2 - t_1) = \frac{5 \times 900}{3600} \times 1.756 \times 10^3 \times (343 - 293) = 110 \ (\text{kW})$$

查相关表格得 110kN/m^2 压力下饱和水蒸气冷凝潜热为 2245kJ/kg，由热量恒算式可得水蒸气消耗量为

$$G_h = \frac{Q_c + 8\% Q_c}{r_h} = \frac{110 \times (1 + 0.08)}{2245} = 0.0528 \ (\text{kg/s}) = 190 \text{kg/h}$$

（3）焓差法   当载热体既有温变又有相变时采用以上两种方法确定换热量很不方便，焓差法适用于载热体有相变、无相变以及既有温变又有相变的各种情况。其计算式为

$$Q_h = G_h (H_{h1} - H_{h2}) \tag{3-9}$$

$$Q_c = G_c (H_{c2} - H_{c1}) \tag{3-10}$$

式中 H_{h1}，H_{h2}——热流体进、出换热器的焓，J/kg；

H_{c1}，H_{c2}——冷流体进、出换热器的焓，J/kg。

三、传热系数

工业上生产中常见的管壳式换热器传热壁面温度不太高，辐射传热量很小，辐射传热通常不予考虑，传热壁面冷、热流体之间的传热是由对流传热、热传导、对流传热三个步骤组合而成的串联传热过程，如图 3-40 所示。热量由温度较高的热流体以对流方式传递给与其接触的一侧换热器面，然后以热传导方式传递间壁的另一侧，再由壁面以对流传热方式传递给冷流体。

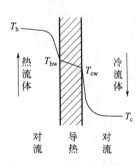

图 3-40 管壳壁式换热器
串联换热分析

若换热壁面为圆筒壁，其内外及平均面积分别以 S_i、S_o、S_m 表示，壁面两侧流体的给热系数分别是 α_i 和 α_o。壁面厚度为 b，圆筒壁材料的热导率为 λ。根据串联传热过程热阻的加和性可得

$$\frac{1}{KS} = \frac{1}{\alpha_i S_i} + \frac{b}{\lambda S_m} + \frac{1}{\alpha_o S_o} \tag{3-11}$$

圆筒壁的表面积 S 随其半径而变，不同的面积有其对应的传热系数，确定传热系数时应考虑面积的影响。若以圆筒壁外表面 S_o 为基准，传热速率方程式为 $Q = K_o S_o \Delta t_m$，其传热系数 K_o 可由下式表示

$$K_o = \frac{1}{\dfrac{d_o}{\alpha_i d_i} + \dfrac{b d_o}{\lambda d_m} + \dfrac{1}{\alpha_o}} \tag{3-12}$$

同理可以得到圆筒壁内表面积为计算基准的传热系数 K_i 为

$$K_i = \frac{1}{\dfrac{1}{\alpha_i} + \dfrac{b d_i}{\lambda d_m} + \dfrac{d_i}{\alpha_o d_o}} \tag{3-13}$$

以圆筒壁平均表面积为计算基准的传热系数 K_m 为

$$K_m = \frac{1}{\dfrac{d_m}{\alpha_i d_i} + \dfrac{b}{\lambda} + \dfrac{d_m}{\alpha_o d_o}} \tag{3-14}$$

式(3-12)～式(3-14) 均为总传热系数的计算式。无论以哪一个面积为计算基准，都要与其传热系数相对应，才能得到正确的结果。若没有指明基准的传热系数，均为以管外表面积为计算基准的传热系数 K_o 值。

一个新的换热器运转一段时间后，在换热管的内外两侧都会有不同程度的污垢沉积。垢层虽薄，但其热导率很小，使得传热系数降低，减小了传热速率。为此，在传热计算中，必须根据流体的情况，对污垢产生的附加热阻加以考虑，以保证换热器在一定时间内运转时，能保持足够大的传热速率。

若考虑内、外流体的污垢热阻 R_{si} 和 R_{so}，按串联热阻的概念，式(3-11) 可写为

$$\frac{1}{K_o} = \frac{d_o}{\alpha_i d_i} + R_{Si}\frac{d_o}{d_i} + \frac{b d_o}{\lambda d_m} + R_{So} + \frac{1}{\alpha_o} \tag{3-15}$$

由于污垢的厚度及热导率难以测定，工程计算时，通常是根据经验选用污垢热阻值。表3-11 列出了工业常见流体污垢热阻的大致范围以供参考。

表 3-11 工业中常见流体污垢热阻的大致范围

流　体	$R_s/m^2 \cdot ℃ \cdot kW^{-1}$	流　体	$R_s/m^2 \cdot ℃ \cdot kW^{-1}$
水($u<1m/s, t<50℃$)		液体	
蒸馏水	0.09	处理过的盐水	0.264
海水	0.09	有机物	0.176
清净的河水	0.21	燃料油	0.106
未处理的凉水塔用水	0.58	焦油	1.76
经处理的凉水塔用水	0.26	气体	
经处理的锅炉用水	0.26	空气	0.26～0.53
硬水、井水	0.58	溶剂蒸气	0.14

对于易结垢的流体，或换热器使用时间过长，污垢热阻的增加使得换热器的传热率严重下降。所以换热器要根据具体的工作条件，定期进行清洗。

当传热面为平壁或薄管壁时，其 $S_o \approx S_i \approx S_m$，式(3-15) 可写为

$$\frac{1}{K} = \frac{1}{\alpha_i} + R_{Si} + \frac{b}{\lambda} + R_{So} + \frac{1}{\alpha_o} \tag{3-16}$$

当使用金属薄壁管时，管壁热阻可忽略；若为清洁流体，污垢热阻也可忽略，此时有

$$\frac{1}{K} \approx \frac{1}{\alpha_i} + \frac{1}{\alpha_o} = \frac{\alpha_i + \alpha_o}{\alpha_i \alpha_o} \tag{3-17}$$

若式(3-17) 中 $\alpha_i \gg \alpha_o$，则 $K \approx \alpha_o$；若 $\alpha_o \gg \alpha_i$，则 $K \approx \alpha_i$。由此可知总热阻由热阻大的一侧流体给热所控制，即当冷、热两流体的给热系数相差较大时，传热系数 K 值总是接近于

热阻大的流体一侧给热系数 α 值。要提高传热系数 K 值，关键在于提高数值小的给热系数 α，也就是尽量设法减小其中最大的分热阻。表 3-12 中列出了常见流体在列管式换热器中传热系数 K 值大致范围，供设计及计算时参考。

表 3-12　常见流体在列管式换热器中传热系数 K 值大致范围

冷流体	热流体	传热系数 /W·m^{-2}·K^{-1}	冷流体	热流体	传热系数 /W·m^{-2}·K^{-1}
水	水	850~1700	水	水蒸气冷凝	1420~4250
水	气体	17~280	气体	水蒸气冷凝	30~300
水	有机溶剂	280~850	水	低沸点烃类冷凝	455~1140
水	轻油	340~910	水沸腾	水蒸气冷凝	2000~4250
水	重油	60~280	轻油沸腾	水蒸气冷凝	455~1020

【例 3-3】　单管程、单壳程列管换热器，采用 $\phi25mm\times2mm$ 的钢管作为换热管。某气体在管内流动。已知气体一侧的给热系数是 $50W/(m^2\cdot K)$，液体一侧的给热系数是 $1700W/(m^2\cdot K)$，钢的热导率是 $45W/(m^2\cdot K)$，污垢热阻忽略不计。试求：

（1）传热系数 K_o；

（2）若将气体的给热系数提高 1 倍，其他条件不变，K_o 如何变化？

（3）若将液体的给热系数提高 1 倍，其他条件不变，K_o 又如何变化？

解：（1）由式（3-12）知

$$\frac{1}{K_o}=\frac{d_o}{\alpha_i d_i}+\frac{bd_o}{\lambda d_m}+\frac{1}{\alpha_o}=\frac{25}{50\times21}+\frac{2\times10^{-3}\times25}{45\times23}+\frac{1}{1700}=2.445\times10^{-2}$$

则 $K_o=40.9W/(m^2\cdot K)$。

（2）当管内气体 α_i 提高 1 倍时

$$\frac{1}{K_o'}=\frac{25}{2\times50\times21}+\frac{2\times10^{-3}\times25}{45\times23}+\frac{1}{1700}=1.254\times10^{-2}$$

则 $K_o'=79.74W/(m^2\cdot K)$。

$$\frac{K_o'-K_o}{K_o}\times100\%=\frac{79.4-40.9}{40.9}\times100\%=95\%$$

传热系数比原来提高了 95%。

（3）当管外液体 α_o 提高 1 倍时

$$\frac{1}{K_o''}=\frac{25}{50\times21}+\frac{2\times10^{-3}\times25}{45\times23}+\frac{1}{2\times1700}=2.415\times10^{-2}$$

则 $K_o''=4.14W/(m^2\cdot K)$。

$$\frac{K_o''-K_o}{K_o}\times100\%=\frac{41.4-40.9}{40.9}\times100\%=1.2\%$$

传热系数比原来提高了 1.2%。

可见，气体一侧的热阻远大于液体一侧的热阻，提高空气一侧给热系数 α_i 可有效地增加传热系数。

四、平均温度差

在管壳式换热器中，按流体沿着传热面流动时的各点温度变化情况，可将传热过程分为恒温传热和变温传热两种。其平均温度差 Δt_m 的计算方法各不相同，下面分别介绍。

1. 恒温传热时的传热温度差

若换热器内冷、热两流体的温度在传热过程中都是恒定的，称为恒温传热。通常传热间壁两侧流体在传热过程中均发生相变时，就是恒温传热。如在蒸发器内用饱和蒸汽作为热源，在饱和温度 T_s 下冷凝放出潜热；液体温度在沸点温度 t_s 下吸热汽化。T_s 和 t_s 在整个传热过程中保持不变，其平均温度差为

$$\Delta t_m = T_s - t_s \tag{3-18}$$

2. 变温传热时的传热温度差

传热过程中冷、热两流体中有一个或两个流体温度都发生变化时，则称为变温传热。变温传热时的平均温度差，工程上可以采用换热器的两端热、冷流体温度差的对数平均值，即

$$\Delta t_m = \frac{\Delta t_大 - \Delta t_小}{\ln \dfrac{\Delta t_大}{\Delta t_小}} \tag{3-19}$$

式中的 $\Delta t_大$、$\Delta t_小$ 指换热器两端热、冷流体温度差的较大和较小值，单位为℃ 或 K。

当 $\Delta t_大 / \Delta t_小 \leqslant 2$ 时，平均温度差 Δt_m 可用温度差 $\Delta t_大$ 和 $\Delta t_小$ 的算术平均值代替，即

$$\Delta t_m = \frac{\Delta t_大 + \Delta t_小}{2} \tag{3-20}$$

变温传热又分为两种情况。第一种的间壁一侧流体变温而另一侧流体恒温传热（即一侧流体有相变的传热），其流体温度沿传热面位置的分布情况如图 3-41 所示，由图可见此种情况的温度差随传热面的位置变化，但与流体的相对流向无关。

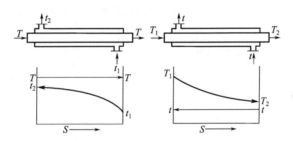

图 3-41　一侧流体有相变传热的温度分布

第二种的间壁两侧流体都变温的传热，此种传热的平均温度差与冷热两流体相对流相有关。在此种变温传热中，参与热交换的两种流体大致有并流、逆流、错流和折流四种流向，如图 3-42 所示。

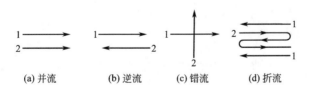

(a) 并流　　　(b) 逆流　　　(c) 错流　　　(d) 折流

图 3-42　换热器中流体流动方向示意图

【例 3-4】　用温度为 573K 的石油热裂解产物来预热石油。石油的进换热器温度为 298K，出换热器温度为 453K，热裂解产物的最终总温度不得低于 473K。试分别计算并流和逆流时的平均温度差，并加以比较。

解：（1）逆流流动时，热流体　573K→473K，冷流体　453K←298K，则

$$\Delta t_{小}=120K \quad \Delta t_{大}=175K$$

$$\Delta t_m=\frac{\Delta t_{大}-\Delta t_{小}}{\ln\dfrac{\Delta t_{大}}{\Delta t_{小}}}=\frac{175-120}{\ln\dfrac{175}{120}}=146 （K）$$

由于 $\dfrac{\Delta t_{大}}{\Delta t_{小}}=\dfrac{175}{120}<2$，所以可以用算术平均值计算平均温度差，即

$$\Delta t_m=\frac{\Delta t_{大}+\Delta t_{小}}{2}=\frac{175+120}{2}=147.5 （K）$$

由此可见其误差是很小的，在工程计算中这么小的误差是允许的。

（2）并流流动时，热流体　573K→473K，冷流体　298K→453K，则

$$\Delta t_{大}=275K \quad \Delta t_{小}=20K$$

$$\Delta t_m=\frac{\Delta t_{大}-\Delta t_{小}}{\ln\dfrac{\Delta t_{大}}{\Delta t_{小}}}=\frac{275-20}{\ln\dfrac{275}{20}}=97 （K）$$

由计算结果可知，当流体进出换热器的温度已经确定的情况下，逆流操作比并流操作具有较大的平均温度差。

【例 3-5】　生产要求在换热器内将流量为 3.0kg/s、温度为 80℃的某液体用水冷却到 30℃，水在换热管外与管内的液体呈逆流流动，水的进口温度为 20℃，出口温度为 50℃。已知水侧和液体侧的给热系数分别为 1700W/(m²·K) 和 900W/(m²·K)，液体的平均比热容为 1.910³J/(kg·K) 所采用的列管换热器是由长 3m、直径为 (φ25±2.5)mm，热导率为 45W/(m·K) 的钢管束组成。若污垢热阻和换热器的热损失均可忽略不计，试求该换热器的换热管子数。

解：先由传热基本方式计算传热面积 S，即

$$S_o=\frac{Q}{K\Delta t_m}$$

$$Q=Q_c=G_c c_{pc}(t_2-t_1)=3\times1.9\times10^3\times(80-30)=285\times10^3 （W）$$

$$K_o=\frac{1}{\dfrac{d_o}{\alpha_i d_i}+\dfrac{bd_o}{\lambda d_m}+\dfrac{1}{\alpha_o}}=\frac{1}{\dfrac{25}{900\times20}+\dfrac{2.5\times10^{-3}\times25}{45\times22.5}+\dfrac{1}{1700}}=490.5 \left[W/(m^2·K)\right]$$

$$\Delta t_m=\frac{\Delta t_{大}-\Delta t_{小}}{\ln\dfrac{\Delta t_{大}}{\Delta t_{小}}}=\frac{(80-50)-(30-20)}{\ln\dfrac{80-50}{30-20}}=18.2 （K）$$

$$S_o=\frac{Q}{K_o\Delta t_m}=\frac{285\times10^3}{490.5\times18.2}=32 （m^2）$$

所需列管换热器的管子数为

$$n=\frac{S_o}{\pi d_o L}=\frac{32}{3.14\times0.025\times3}=136$$

五、传热过程的强化

换热设备是石油、化工、动力、能源等工业部门广泛使用的通用工艺设备，在材质消耗、动力消耗及工程投资方面占有很重要的份额。随着现代工业的快速发展，对能源的需求越来越大，能源危机越来越严重，节能和能源的合理有效利用显得尤为重要。在工业生产中占有重要地位的换热设备作为能量传递的基础设备，其传热性能的好坏对节能有着极其重要

的意义。而利用高效换热器可以吸收化工、石油生产过程中存在的大量余热，既节约了能源，又减少了污染。

换热器强化传热是指通过对影响传热的各种因素进行分析与计算，采取某些技术措施以提高换热设备的传热量或者在满足原有传热量条件下，使它的体积缩小。强化传热是提高换热器综合效率、降低其寿命周期费用的有效措施。换热设备传热过程的强化主要是使换热设备能在单位时间内、单位面积上传递的热量达到最大化，从而实现下述目的。

① 减小设计传热面积，以减小换热器的体积和质量。

② 提高现有换热器的换热能力。

③ 使换热器能在较低温差下工作。

④ 减小换热器的阻力，以减少换热器的动力消耗。

由管壳式换热器中的传热速率式 $Q=KS\Delta t_m$ 可以看出，欲增加传热量 Q，可通过增加 K、S 或 Δt_m 来实现。下面对此分别加以讨论。

1. 增大传热系数 K

提高传热系数 K 是强化传热中最为常用的方法。增大给热系数的主要途径是减薄层流内层的厚度，常用的方法有以下几种。

① 提高流速，增强流体的湍流程度以减薄层流内层的厚度　如增加管程数或壳层的挡板数，这样可以分别提高管程和壳程内流体的流速。

② 增加流体的扰动，以减薄层流内层的厚度　如用采用螺旋板式换热器，在管内加装麻花铁、螺旋圈或金属丝等均可增加流体湍流程度；采用各种凹凸不平的波纹状或粗糙的换热面，或在壳程的管束间安装折流杆，既取代了折流挡板固定管束的作用，又加强了壳程流体的湍动程度。

③ 采用短管换热器　利用传热进口段换热较强的特点，流道短则层流内层薄，采用短管换热器可以提高管程流体的给热系数。

④ 减小污垢热阻　随着换热器使用时间的增长，污垢热阻逐渐增大，因此防止结垢和结垢后及时清除垢层，也是强化传热的关键。

2. 增大换热器单位体积的传热面积 S

传热面积的增大，显然可以提高传热效率，但增大传热面积不能单靠增加换热器的体积来实现，而是应合理地设计单位体积的传热面积，也就是从研究改进传热面结构出发增大传热面积，以达到换热设备高效紧凑的目的。如用小直径管，以螺纹管、波纹管代替光管，采用翅片式换热器等各种新型换热器均是增大换热面积的有效方法。

3. 增大传热平均温度差 Δt_m

对一定的换热器，其传热平均温度差越大，对传热越有利。传热平均温度差的大小主要取决于两流体的温度条件，其中目的流体温度由生产工艺决定，一般不能随便变动，而加热剂或冷却剂的温度可因所选的介质不同，有很大的差异。当换热器中两流体均无相变时，应尽可能采用逆流或接近于逆流的相对流向以获得较大的平均温度差。

第五节　管壳式换热设备的维护

正确使用和维护换热设备是维持化工装置长周期生产的必要手段之一。据统计，静设备引起的停工停产，换热设备故障要占到 85％以上，其主要原因是换热设备结构和工作环境造成的，因此对换热设备进行科学监控，在工艺上确定最佳工艺参数满足设计指标要求，在开、停过程中严格按照操作规程进行，精心保养和维修，都是延长设备使用周期的必要手段。

一、换热器的维护

1. 日常检查

日常检查是及早发现和处理突发性故障的重要手段。工艺操作应特别注意防止温度、压力的波动，需保证压力稳定，绝不允许超压运行。日常检查内容包括运行异声、压力、温度、流量、泄漏、介质、基础支架、保温层、振动、仪表灵敏度等。

（1）操作人员按巡回检查制度规定的频次进行的检查

① 定时检查设备的温度、压力、流量、液位等运行参数应符合操作规程要求。

② 定时检查、发现设备及管道跑、冒、滴、漏缺陷并及时通报。

③ 检漏孔、信号孔有无漏液、漏气，检漏孔是否畅通。

④ 设备及管道清洁、无油垢、污物，环境卫生良好。

⑤ 排放（输水、排污）装置是否完好。

⑥ 设备隔热层完好，无脱落、塌陷等缺陷，必要时进行表面温度测量。

⑦ 设备与相邻管道或构件有无异常振动、响声或者相互摩擦。

（2）维修人员按巡回检查制度规定的频次进行的检查

① 定时检查并消除壳体、封头（浮头）、管程、管板及进出口管道等连接部位的跑、冒、滴、漏缺陷。

② 检漏孔、信号孔有无漏液、漏气，检漏孔是否畅通。

③ 设备与相邻管道或构件有无异常振动、响声或者相互摩擦。

④ 基础稳固可靠，地脚螺栓和各部位螺栓紧固、整齐，防锈蚀措施符合技术要求。

⑤ 保温层完整。

2. 运行中的定期检查

设备管理技术员每月应进行一次完好设备检查与评估。工艺技术管理员每月对换热器进行一次安全检查，记录并填写"压力容器月度安全状况检查表"。

3. 紧急情况处理

发生下列情况之一时，工艺操作人员应与主控联系，按操作规程尽快停止设备运行：

① 设备承压壳体或密封面出现严重泄漏，可能产生重大安全、环境污染事故。

② 附属安全装置失灵，设备超压、附属安全泄压装置未启动，经现场紧急处理未改善，可能产生重大安全、环境污染事故。

③ 其他将严重威胁设备安全运行的情况。

紧急停车后的保护措施如下。

① 对事故缺陷部位尽量作好保护，查明原因后采取针对性处理措施。

② 设备内长期存放工艺介质会产生变质或化学反应、腐蚀等，应进行排放、清洗，必要时进行充氮保护。

③ 对将要进行检修的设备，应加装盲板将其与系统隔离并进行排放、清洗、置换，如需要人员进入设备内还应进行工业卫生分析。

4. 年度检查

按压力容器安全技术监察条例规定的检验周期进行年度检查，由国家授权的检验机构组织具有特种设备检验资质的人员实施并出具"压力容器年度检验报告表",检验报告中确定该容器的安全状况等级和下次定期检验周期。水冷器每年宜进行一次水侧垢层及腐蚀情况检查。

在设备投入使用前或系统停车期间进行法定年度检验,检验程序包括检验前准备、全面检验实施、缺陷/问题处理、检验结果汇总、结论和报告,检验内容按容规、检规要求进行;检验前逐台编制检验方案,实施时首先进行表面宏观检查并结合测厚,必要时进行无损检测、金相分析、硬度检测、化学成分分析等检测项目。

检验报告中确定该换热器的安全状况等级和下次定期检验周期,见表 3-13。

表 3-13 检验周期

安全状况等级	定期检验周期	压力试验周期
首次检验	设备投用后 36 个月	由设备管理人员或检验员在检修计划或容器检验方案中确定
1～2 级	不超过 72 个月	
3 级	36～72 个月	
4 级	不超过 24 个月;间歇开车的累计不超过 36 个月	

二、管壳式换热器常见故障现象、原因及处理方法

管壳式换热器常见故障现象、原因及处理方法见表 3-14。

表 3-14 管壳式换热器常见故障现象、原因及处理方法

序号	故障现象	故障原因	处理方法
1	出口压力波动大	①工艺操作原因 ②管壁穿孔 ③换热管与管板连接处泄漏	①调整工艺条件 ②查漏、堵管 ③补焊、补胀或堵管
2	换热效率低	①换热管外结垢或油污吸附 ②换热管内堵塞 ③管壁腐蚀泄漏 ④管口胀接处或焊接处松动或蚀漏 ⑤分程隔板或纵向隔板损坏	①清理、除垢、化学清洗 ②机械疏通、高压水冲洗 ③查漏、堵管 ④补焊、补胀或堵管、换管 ⑤修理
3	封头(或浮头)与壳体连接泄漏	①密封垫片失效、断裂或损坏 ②紧固螺栓松动 ③密封面腐蚀或有撞击伤痕	①更换密封垫片或带压堵漏 ②对称紧固螺栓 ③密封面修补或光刀
4	出口温度高	工艺操作参数偏离设计值太大	调整工艺操作参数至设计值
5	换热管束异常振动	介质流动激振	在壳程进出口管处设置防冲挡板、导流筒或流体分配器
6	设备内有异常响声	①工艺介质发生偏流 ②内部零件脱落	①调整工艺操作参数 ②检查并消除缺陷
7	进、出口阻力大	换热管异物堵塞或内、外结垢严重	清理疏通
8	高压侧或低压侧介质质量超标	①换热管腐蚀穿孔泄漏 ②换热管与管板焊接缺陷泄漏 ③内浮头封头端密封缺陷泄漏	①试压试漏、堵管或更换换热管 ②试压、打磨补焊或堵管 ③密封面修理
9	连接螺栓锈蚀卡涩	①螺纹锈蚀损坏 ②螺纹变形 ③螺纹损伤	①松动剂长时间浸泡后拆卸 ②螺纹修理 ③拆除并更换新螺栓

第六节 管壳式换热器的检修

一、换热器的检修内容

1. 检修类别和周期

换热器检修可分为定期和不定期检修，检修周期见表 3-15。不定期检修是临时性的故障检修；定期检修是根据生产装置的特点、介质性质、腐蚀速度、运行周期等情况分为年度计划停车检修、月计划检修和计划性停车抢修。按检修项目规模大小不同可分为大修、中修、小修。

表 3-15　检修周期　　　　　　　　　　　　　　　　　　　　月

设备位号	检修类别	小　　修	中　　修	大　　修
		1～12	12～36	36～72

换热器检修周期应结合压力容器安全状况等级与法定检验周期、部件使用寿命等综合考虑。

2. 换热器检修内容

（1）小修内容

① 接管密封垫检查或更换；

② 密封填料检查、补充或更换；

③ 接管连接螺栓检查、修理或更换；

④ 安全阀、压力表、爆破片、液面计等附属安全附件的拆装检查；

⑤ 人孔盖或检查孔盖拆装、更换垫片；

⑥ 设备外保温或保冷层拆装或更换；

⑦ 设备外部除锈防腐；

⑧ 防静电接地装置检查修理；

⑨ 附属阀门、管件拆装检查；

⑩ 设备局部简单修理（例如表面微裂纹打磨但不补焊）；

⑪ 设备本体外侧局部涂抹修补材料；

⑫ 设备接管密封面检查及修理；

⑬ 非承压排放管更换；

⑭ 液面计玻板/玻管疏通、拆卸清洗或更换；

⑮ 附属平台/爬梯修理或更换。

（2）中修内容

① 包括小修的部分或全部内容；

② 管箱/管箱盖/封头拆装检查、换垫；

③ 管板、管箱法兰、填料函等密封面光刀、研磨修理；

④ 换热器抽芯；

⑤ 内件拆装、检查、修理；

⑥ 化学清洗或高压水枪冲洗；

⑦ 除主要受压元件外的受压元件焊接修理；

⑧ 压力试验中的泄漏试验；

⑨ 不属于定期检验范畴的设备内、外部无损检测；

⑩ 催化剂或充填物更换或补充；

⑪ 金属衬里、非金属衬里局部修复、更换；

⑫ 裙座、鞍座等支座底板或整体更换；

⑬ 设备内部宏观检查；

⑭ 设备内部卫生清理；

⑮ 进、出口通道修理；

⑯ 膨胀节缺陷打磨焊接；

⑰ 端盖、壳体外部缺陷焊接处理。

（3）大修内容

① 包括中修的部分或全部内容；

② 主要受压元件焊接修理；

③ 内件改造；

④ 新设备安装或旧设备搬迁移位；

⑤ 压力容器定期检验（包括按定期检验方案进行的耐压试验）；

⑥ 金属衬里、非金属衬里全部更换；

⑦ 管壳式换热器管束、壳体、内浮头组件或管箱更新；

⑧ 密封垫片或密封条全部更换；

⑨ 膨胀节更换；

⑩ 通道内耐热材料大面积修复或更换；整体防腐、保温；

⑪ 端盖、壳体内部缺陷焊接修理。

二、换热器的检修

1. 检修项目准备

（1）技术准备 根据设备运行状况分析其结构特性，结合系统装置运行情况制定检修计划，编制设备检修规程未包含的重大项目的检修方案、安全施工方案、检修计划和进度网络等。

（2）物料准备 清理检修需要的备品备件（阀门、垫片、紧固件等）、材料（钢材、焊材等），应具有质量证明书并且复验合格，如果库存不足应及时提出采购计划；修旧利废的材料、阀门、紧固件应检验合格、有书面审查文件方可使用；准备拆装过程需要的专用工器具、吊具、索具。

（3）施工组织 施工单位应作好施工组织准备，逐项落实施工负责人、专业工种人员；管理单位的设备管理人员作好跨专业工序协调；重要或特殊项目应事前编制施工组织设计/施工方案，并成立项目组/施工组织机构。

（4）检修项目交接 设备在交付检修前，应将设备从装置系统中隔离出来，并经清洗、置换合格；需要进入设备内作业时还应确保良好的通风，定时进行工业卫生分析，确保安全防范措施到位；检修作业前需办理检修工作票、安全作业票、动火分析票、动土作业证等工作票证，工作票上应明确作业内容、人员、时间、地点、安全措施等详细内容。

2. 拆卸程序

以 U 形管式换热器为例，拆卸程序为：拆卸准备→拆卸管箱保温、保冷→拆卸管箱连接管道→拆卸管箱→拆卸 U 形管束。

由于各类换热设备结构形式不同，缺陷处理部位不同，拆卸顺序可能不尽相同，必要时针对缺陷情况及检修内容编制专项拆装方案。

3. 换热器检修

（1）缺陷打磨消除　对于表面的腐蚀坑、局部划伤及电弧损伤等近表面缺陷或浅表面裂纹，宜直接采用砂轮打磨消除缺陷的方法，打磨后选择 MT 或 PT 检验，验证缺陷已彻底消除。

埋藏缺陷经 RT、UT 或 RT+UT 定位、定量后，按照规定判定需要消除的缺陷，可先用碳弧气刨，然后再用砂轮打磨去除热影响区，通过 RT、PT 或 MT 检测确认缺陷已消除。

已经去除缺陷的受压元件，还要检测它的最小壁厚，按规定要求确定是否需要补焊或堆焊修复；不需要补焊的将打磨形成的凹坑或者沟槽修磨至与邻近母材圆滑过渡，斜度小于 1∶3。

（2）补焊或堆焊修复　换热管-管板焊缝清除缺陷后大多数情况需要补焊修复。换热管-管板焊缝宜选用原始设计焊接材料。设备母材或焊缝的补焊或堆焊宜采用焊条电弧焊，所需补焊/堆焊厚度较薄时可采用 TIG；在保证熔合良好、熔透的前提下，焊接时尽量采用小的热输入量，以减少焊接变形和焊接应力。

（3）换热管检修　换热管-管板胀接接头松动致使介质泄漏，可用补胀的方法消除。同一部位补胀不多于 3 次，否则会使管孔部位材料冷作硬化反而胀不紧。若补胀无效可换管或用焊接方法修复，换热管-管板焊接时由中心至周边的顺序交叉将管子两端与管板点焊（每根管均匀三点），然后顺序交叉满焊，焊后对周围列管补胀一次防止热胀冷缩松动。胀管深度按图样要求满胀的一般选取"管板厚度减去 3～5mm"。胀管顺序宜从中心扩展到周边对称交叉进行。浮头式换热器应先胀固定管板部位的管头，后胀活动管板处的管头，胀接过程中随时注意检查和调整两管板的平行度。

换热管产生裂缝、穿孔、机械损伤导致泄漏，处理方法可选择更换新管或堵管。

① 换管　取出旧管后应检查、清理、修磨管板孔；管板孔内不得有油污、铁锈、刀痕，胀管槽应光滑无伤痕。换热管材料要符合 GB 151 的要求。换热管两端管段（长度应不小于 2 倍管板厚度）除锈至呈金属光泽，需要胀接的换热管硬度应比管板硬度小 30HB 左右，否则换热管两端应退火。

② 堵管　用锥度为 1∶10 的金属堵头将管子两端堵死。原胀接管头的管程操作压力大于壳程的换热管头，可采用直接敲击胀紧方式。如果堵头需要焊接，宜先将堵头胀紧后再焊。堵头材料的硬度应低于换热管的硬度。铬钼钢换热管宜采用奥氏体不锈钢材质堵头。如果堵管数超过设计富余量或者不能满足生产需要时，应更换管束。

（4）管板的检修　对于延长部分兼作法兰的管板法兰密封面的检修，按"密封面与密封件的检修"内容进行。管板耐蚀层打磨后的补焊，应选择耐蚀性不低于原级别的焊材。

（5）内件的检修

① 折流板与分程隔板　视损坏情况进行补焊/堆焊、局部贴补或更换；如果折流板损坏到严重影响换热，应考虑更换整体管束。

② 防冲挡板　采用焊接固定的，检查固定焊缝，必要时进行打磨补焊；采用 U 形螺栓固定的，螺栓松动应紧固，腐蚀严重的应更换。冲刷、腐蚀严重时应更换防冲挡板。

③拉杆/定距管 如果拉杆与管板部位的螺纹段损坏无法恢复，可将拉杆与管板点焊固定；拉杆末端螺母松动脱落（例如螺纹腐蚀或损坏），也可以将拉杆与折流板点焊固定。

（6）紧固件的检修 由于长时间不拆卸已经腐蚀"咬死"的紧固件，使用松动剂浸泡，对螺母进行反复加热（加热温度不大于 350℃）等方式仍无法拆卸的，可采取以下方法处理。

①小于 M30 的普通碳钢螺栓直接切割去除，更换新螺栓；其他规格及材料的螺栓应根据库存和采购周期综合考虑处理方法。

②沉头螺栓断裂并且无法取出，可采用专用退丝器、中心钻孔并用专用机具经机加工取出。

③螺栓、螺母卡涩"咬死"可以采用气割、锯削等方式破坏螺母，再修复螺纹、更换螺母。大于 M52（或者大于 M36）的螺栓并且 $\sigma_b \geq 800MPa$，长期处于交变载荷下的高强度螺栓，应定期进行表面 MT 或 PT 检测，必要时进行 UT 检测，随设备定期检验时进行。

④对于长期处于交变载荷下的螺栓，并且设备运行中密封面容易出现泄漏的紧固件，应考虑增加弹性补偿元件，例如碟簧、波形垫片等。

⑤由于振动交变载荷使螺栓、螺母产生松动，应考虑采取防松措施，例如增设弹簧垫圈、防松垫片、锁紧螺母或者防松螺母等。

⑥螺栓工作温度大于 200℃，换热器回装时应在螺栓的螺纹部位涂刷高温金属防卡涩剂；螺栓工作温度小于 200℃，换热器回装时应在螺栓的螺纹部位涂抹二硫化钼。

（7）密封面与密封件的检修 换热器的接口密封面呈机械损伤（例如划痕、撞击凹坑）、腐蚀沟槽等形式，修复方法有研磨、金属修补剂填充、机械光刀或堆焊后机械光刀等。密封面修复质量要求见表 3-16。

表 3-16 密封面修复质量要求

序号	密封面结构形式	表面粗糙度/μm	表面不平度/mm
1	平面、突面、凹凸面＋非金属垫片	$3.2 \leq Ra \leq 12.5$	平面局部不平度≤0.5
2	平面、突面、凹凸面＋缠绕垫片	$3.2 \leq Ra \leq 6.3$	
3	凹凸面＋实心金属垫片	$1.6 \leq Ra \leq 3.2$	
4	平面、凹凸面＋金属包覆垫	$3.2 \leq Ra \leq 6.3$	
5	梯形槽＋C.S.、铬钢金属环垫	$0.8 \leq Ra \leq 1.6$	平面局部不平度≤0.1
6	梯形槽＋S.S. 金属环垫；透镜垫密封面	$0.4 \leq Ra \leq 0.8$	通常采用接触法检查密封线应全接触

金属环垫如果密封面无贯穿性划痕、凹坑、毛刺、脱皮、裂纹、夹渣等缺陷，拆卸后可以重复使用。铜、铝等软金属垫对于密封面质量要求比较高，使用前要求退火热处理。可重复使用的金属透镜垫对密封面质量要求更高，装卸过程中产生的压痕通过手工研磨或机械加工处理，密封面质量应达到表 3-16 的要求。非金属垫、金属包覆垫不允许重复使用。

4. 换热器污垢清理方法

（1）机械除垢 使用铲、削、刷等工具，并用高压水、蒸汽或压缩空气配合清洗。当管程结垢比较严重或全部被堵塞时，可用管式冲水钻（捅管机）清洗。

（2）高压水冲洗 用高压水泵打出的水通过压力调节阀，由高压软管连通至手提式喷射枪进行喷射清理污垢，若在水中掺入少量细石英砂，清洗效果会更好。

（3）化学清洗除垢　首先提取垢样进行化学分析，再确定采用的化学清洗液和钝化液配方。对于硫酸盐或硅酸盐水垢采用碱洗，碳酸盐水垢则用酸洗；对于油垢结焦可采用氢氧化钠、碳酸钠、洗衣粉、洗涤剂等清洁原料与水按一定比例配制清洗液；化学清洗时应考虑加入一定量的缓蚀剂。

化学清洗管系配置需要考虑在高点排气，能让清洗液充满整个换热器空间，使清洗液循环良好、不留死角。

化学清洗后钝化和清水冲洗：化学清洗结束后应尽早投入系统使用，否则可充满钝化液短期保护；长期保存应先排尽冲洗液体，氮气置换合格（$O_2 < 0.5\%$，$N_2 > 98\%$），最后充氮保护。

清洗干净后，应进行检查，若发现壳体、管束结构件等有腐蚀、变形、裂纹等，应及时进行处理。

换热管内壁或外壁非常容易结垢，在 1~2 个大修周期内将严重影响换热效果的换热器，应在每个大修周期内化学清洗 1 次，最好不要超过 2 个大修周期。

三、回装与压力试验

1. 换热器回装

分别由检修项目负责人、设备管理员、工艺管理员对检修内容逐项清理、确认，以免漏项。

检修项目负责人对检修质量负责，在确认所有缺陷均处理完毕并符合要求，遗留问题经审批并记录在案，由工艺人员现场确认设备内的清洁卫生、无异物、密封垫片处于正确位置，并在工单或检修命令书上完成签字手续后方可回装。回装顺序与拆卸顺序相反。

2. 换热器压力试验

（1）压力试验的目的　换热器在检修后需进行压力试验或气密性试验。压力试验是在超过许用工作压力下检查容器的强度、密封结构和焊缝有无泄漏；气密性试验是对密封性要求高的重要容器在强度试验合格后进行泄漏检查。

（2）试压前的准备　压力试验前，各连接部位的紧固螺栓必须齐全、紧固，必须用两个量程相同并经校验的压力表，且装在便于观察的部位；压力试验场地应有可靠的安全防护设施，并应经单位技术负责人和安全部门检查认可；压力试验过程中，不得进行与试验无关的工作，无关人员不得在实验现场停留。

（3）试压　以固定管板式换热器为例，先进行壳程试压，然后再进行管程试压。液压试验的压力为最高工作压力的 1.25 倍；如果无特殊要求，试验介质应选用洁净水，试验水温不低于 5℃；应装设两块压力表，分设于设备的最高端和最底端，试验压力以最高处的压力表为准；当壳程达到试验压力时，除了检查换热器壳体外，还应重点检查换热管与管板的连接接头、接头胀接或者焊接处有没有泄漏。若少数接头有渗漏，经技术负责人批准可进行重新胀接或焊接，然后再做压力试验；若接头渗漏数量较多，则压力试验不合格，应重新反修。

壳程试压合格后，加垫片安装管箱，紧固法兰螺栓至少进行 3 遍，紧固顺序如图 3-43 所示。法兰螺栓紧固以后，进行管程压力试验。压力试验方法及要求按照 GB 150—2011 中"压力试验和气密性试验"的规定及 GB 151—1999 的规定进行。

其他类型换热器的压力试验程序，应按设计图纸的要求、技术文件或制造厂的规定进行。

3. 保温、保冷回装

（1）试验完毕，立即拆除相应的与试压有关的辅助部件，恢复设备与管道的正常连接。

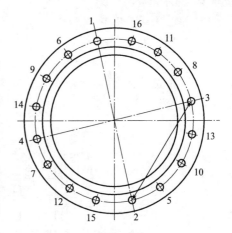

图 3-43　压环和螺栓紧固顺序
1～16—紧固顺序号

（2）回装时先安装封头，首先将密封面清理干净，并仔细检查密封面，确定无影响回装的缺陷后在密封面上均匀涂抹一层黄油；然后开始回装封头，在回装到封头与壳体间达到一定间距时，将封头垫片放到壳体密封面上，垫片放置时必须要放在垫片的槽内并放正、放平，并将垫片压牢，最后缓慢将封头或内浮头扣好并对称紧固，紧固前应最终确认垫片是否放正，第一遍紧固时应以 60％ 的紧固力矩对称紧固，第二遍紧固时应以 100％ 的紧固力矩对称紧固，第三遍紧固时应以 100％ 的紧固力矩逐根螺栓顺序紧固。

（3）换热器检修、试压及回装完毕，应立刻进行连接管道复位和保温、保冷恢复。连接管道复位应均匀把紧，若垫片损坏或不能使用要及时更换新的垫片。壳体、管箱和连接管道的保温、保冷应按原样恢复，损坏不能用的应加工新的保护层进行安装。

四、试车及验收

1. 试车前的准备工作

① 完成全部检修项目，检修质量达到要求，检修记录齐全。

② 清扫整个系统，设备阀门均畅通无阻。

③ 确认仪表及其他安全附件完整、齐全、灵敏、准确。

④ 拆除盲板，打开放空阀门，放净全部空气。

⑤ 清理施工现场，做到"工完、料净、场地清"，场地清理达到 5S 管理要求。

⑥ 对接触易燃、易爆物品的岗位，要按规定备有合格的消防用具和劳动防护用品。

2. 试车

① 系统中如无旁路，试车时应增加临时旁路。

② 开车或停车中，应逐渐升温和降温，避免造成压差过大和热冲击。

③ 试车中应检查有无泄漏、异常声响，如未发现泄漏、介质互串、温度及压力在允许值内，则试车符合要求。

3. 验收

试车后压力、温度、流量等参数符合技术要求，连续运转 24h 未发现任何问题，技术资料齐全，即可按规定办理验收手续，并交付生产。

同步练习

一、填空题

3-1　管壳式换热器又称＿＿＿＿＿＿＿＿＿＿＿＿＿＿。管壳式换热器是以封闭在壳体中＿＿＿＿＿＿＿＿＿＿作为传热面的间壁式换热器。

3-2 管壳式换热器主要由_____、管箱、_____、_____、折流板及附件等组成,管束两端固定在_____上,管板又固定在_____上。管箱位于换热器两端,通过_____或与管板连接在一起。

3-3 请说出图 3-44 所示换热器结构图中序号 2、4、6、7、8、17、18、21 各代表什么零件,各起什么作用?

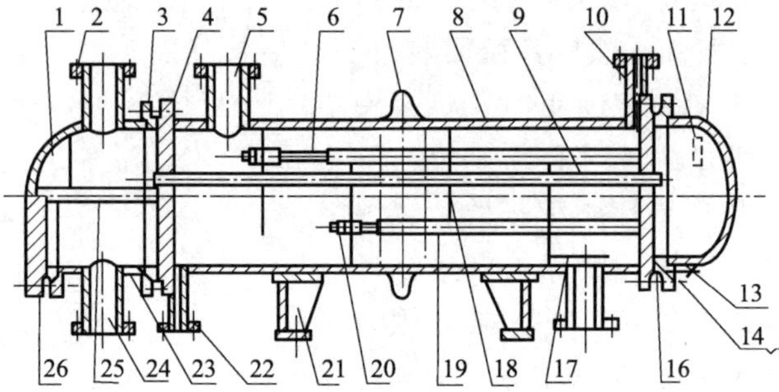

图 3-44 固定管板式换热器

2 _____作用 _____ ;
4 _____作用 _____ ;
6 _____作用 _____ ; 7 _____作用 _____ ;
8 _____作用 _____ ; 17 _____作用 _____ ;
18 _____作用 _____ ; 21 _____作用 _____ 。

3-4 根据管壳式换热器结构类型和标准按其结构的不同一般可分为:固定管板式换热器、_____、_____、_____。

3-5 固定管板式换热器中,"固定管板"是_____。这种换热器优点是_____;缺点是当管束与壳体的壁温或材料的线胀系数相差较大时,会在壳壁和管壁中产生_____,一般当温差大于 50℃ 时就应考虑在壳体上设置_____以减小或消除温差应力。膨胀节的结构形式有_____。

3-6 对于固定管板式换热器和 U 形管式换热器,_____换热器适于管程走易于结垢的流体。

3-7 相对于各种类型的管壳式换热器,_____换热器不适于管程和壳程流体温差较大的场合。

3-8 相对于各种类型的管壳式换热器,_____换热器不适用于易挥发、易燃、易爆、有毒及贵重介质,使用温度受_____的物性限制。

3-9 釜式重沸器管束可以是浮头式、U 形管式和固定管板式结构,壳体直径一般为管束直径的 1.5~2 倍,管束偏置于壳体下方,液面淹没管束,使管束上方形成了一个_____,多用来做_____等设备。

3-10 管壳式换热器,管程是指_____,壳程是指_____。

3-11 换热管的尺寸一般用"外径×壁厚"表示,为了增加单位体积的换热面积,常采用_____管径的换热管。

3-12 在管壳式换热器中,管子的排列方式有_____、_____和

_____排列法。其中_____排列布管多，结构紧凑，但管外清洗不便；_____排列便于管外清洗，但布管较少、结构不够紧凑。

3-13　管板常用的材料有_____等。

3-14　管板和换热管的连接方式主要有_____、_____和_____的方式。

3-15　在流程的选择上，不洁净和易结垢的流体宜走_____，因管内清洗方便。被冷却的流体宜走_____，便于散热，腐蚀性流体宜走_____，流量小或黏度大的流体宜走_____，因折流挡板的作用可使在低雷诺数（$Re > 100$）下即可达到湍流。

3-16　平盖管箱，管箱内直径600mm，圆筒内直径1000mm，管程设计压力2.5MPa，壳程设计压力1.2MPa，公称换热面积90m²，普通级冷拔换热管外径25mm，管长6m，2管程釜式重沸器，其型号为：_____；封头管箱，公称直径800mm，管程设计压力2.5MPa，壳程设计压力1.6MPa，公称换热面积260m²，较高级冷拔换热管外径25mm，管长6m，4管程单壳程的固定管板式换热器，其型号为：_____。

二、判断题

3-17　为了提高壳体内流体流速及传热效率，可在壳体内装设与管束垂直的折流板，使壳程流体横向流过管束。（　　）

3-18　对于固定管板式换热器和U形管式换热器，U形管式换热器适于管程走易于结垢的流体。（　　）

3-19　浮头式换热器的管束可从壳体中抽出，故管外壁清洗方便，管束可在壳体中自由伸缩，管束与壳体的热变形相互不约束，不会产生热应力。（　　）

3-20　填料函式换热器中，一般当温差大于100℃时就应考虑在壳体上设置膨胀节以减小或消除温差应力。（　　）

3-21　换热管在管板上的固定，当压力比较高的时候，通常采用的是强度胀接法。（　　）

3-22　U形管式换热器适用于冷热流体温差较大、管内走清洁不结垢的高温、高压、腐蚀性较大的流体的场合。（　　）

3-23　一般对清洁流体用大直径的管子，黏性较大的或污浊的流体采用小直径的管子。（　　）

3-24　为了增加单位体积的换热面积，常采用大管径的换热管。（　　）

3-25　管板常用的材料有低碳钢、普通低合金钢、不锈钢、合金钢和复合钢板等。（　　）

3-26　浮头式换热器浮头钩圈对于保证浮头端的密封、防止介质间的串漏起重要作用。（　　）

3-27　利用高压水枪冲洗法可去除换热管管束污垢。（　　）

3-28　换热管腐蚀的主要部位是换热管、管子管板接头、壳体、管子与折流板交界等处。（　　）

3-29　对于大型换热器的吊装，起吊捆绑应选在壳体支座有加强垫板处，且壳体两侧设有木方，以免被钢丝绳压瘪产生变形。（　　）

3-30　换热管胀接前必须对管端进行正火处理。（　　）

3-31　换热器采用水压试漏时，试验压力即为容器的耐压试验压力。（　　）

3-32　为了防止卧式换热设备的移动，故将两个支座均设计为固定支座。（　　）

三、选择题

3-33　当用压力表测量压力时，压力表的量程最好为容器工作压力的（　　）倍。

A. 2　　　　　　B. 3　　　　　　C. 15　　　　　　D. 25

3-34　常温内压容器内压试验压力取设计压力的（　　）倍。

A. 1　　　　　B. 1.05　　　　　C. 1.25　　　　　D. 1.5

3-35　气密性试验时，压力应缓慢上升，达到规定试验压力后保压（　　），然后降至设计压力，对所有焊接接头和连接部分进行泄漏检查。

A. 8min　　　　B. 10min　　　　C. 20min　　　　D. 30min

3-36　换热管管端硬度达不到技术要求，可采用（　　）的方法提高塑性，保证管子胀接时产生大的塑性变形。

A. 淬火　　　　B. 退火　　　　C. 正火　　　　D. 回火

3-37　既消除间隙腐蚀又确保管子与管板接头强度的连接方式是（　　）。

A. 焊接　　　　B. 粘接　　　　C. 胀接　　　　D. 胀焊并用连接

3-38　采用堵管方法消除换热管泄漏时，一般堵管数量不得超过换热管总数的（　　）。

A. 5%　　　　　B. 8%　　　　　C. 10%　　　　　D. 15%

四、简答题

3-39　管壳式换热器主要是由哪些部件构成？

3-40　管壳式换热器有哪几种主要形式？各有什么特点？适用于哪些场合？

3-41　固定管板式换热器主要有哪些部件组成？

3-42　如何区分管程和壳程？

3-43　换热管在管板上的排列形式有哪些？各有什么特点？

3-44　管板有什么作用？有哪些结构形式？最常用的是哪种结构？

3-45　管板和换热管的连接方式有哪几种？各有什么特点？

3-46　管板和壳体的连接有哪两种形式？

3-47　管箱有什么作用？

3-48　折流板的作用是什么？有哪些常见的形式？如何安装固定？折流板的间距过大或过小有什么不利之处？

3-49　旁路挡板的作用是什么？

3-50　什么是温差应力？常用的温差应力补偿装置有哪些？

3-51　单弓形折流板缺口的大小对壳体内流体的流动有哪些影响？

3-52　换热器在选择的时候应该考虑哪些因素？

3-53　换热器总传热系数的大小受哪些因素的影响？怎样才能有效地提高总传热系数？

3-54　对壳管式换热器来说，两种流体在下列情况下，何种走管内，何种走管外？

（1）清洁与不清洁的；（2）腐蚀性大与小的；（3）温度高与低的；（4）压力大与小的；（5）流量大与小的；（6）黏度大与小的。

3-55　有一台钢管换热器，热水在管内流动，空气在管束间作多次折流横向冲刷管束以冷却管内热水。有人提出，为提高冷却效果，采用管外加装肋片并将钢管换成铜管。请你评价这一方案的合理性。

3-56　热水在两根相同的管内以相同流速流动，管外分别采用空气和水进行冷却。经过一段时间后，两管内产生相同厚度的水垢。试问水垢的产生对采用空冷还是水冷的管道的传热系数影响较大？为什么？

3-57　换热器压力试验的步骤与方法是什么？

3-58　换热器维护的"日常检查"包括哪些内容？紧急情况下怎样处置？

3-59　换热器的检修类别、检修周期和检修内容？

3-60　换热设备的换热管腐蚀怎样检修？

3-61　换热器密封面与密封件的检修方法和质量要求？

3-62　换热器污垢清洗有哪几种方法？

五、计算题

3-63　有一换热器，水在管径为 $\phi25\text{mm}\times2.5\text{mm}$、管长为 2m 的管内从 30℃加热到 50℃。其对流传热系数 $\alpha=2000\text{W}/(\text{m}^2\cdot\text{K})$，传热量 $Q=2500\text{W}$，试求管内平均温度 t_w。

3-64　某列管换热器用压强为 $88\text{kN}/\text{m}^2$ 的饱和蒸汽加热某冷液体，流量为 $4.5\text{m}^3/\text{h}$ 的冷液体在换热管内流动，温度从 293K 升高到 343K，平均比热容为 $1.546\text{kJ}/(\text{kg}\cdot℃)$，密度为 $900\text{kg}/\text{m}^3$。若换热器的热损失估计为该换热器热负荷的 9%，试求热负荷及蒸汽消耗量。

3-65　在由一 $\phi25\text{mm}\times2\text{mm}$ 的碳钢管构成的废热锅炉中，管内通高温气体，进口 500℃，出口 400℃。管外压力 $p=1\text{MPa}$ 压力的水沸腾。已知高温气体对流传热系数 α_1 为 $250\text{W}/(\text{m}^2\cdot\text{K})$，水沸腾的对流传热系数 α_2 为 $10000\text{W}/(\text{m}^2\cdot\text{K})$，污垢热阻忽略不计。试求：管内壁平均温度 T_w 及管外壁平均温度 t_w。

3-66　单程管、单壳程列管换热器，采用 $\phi25\text{mm}\times2\text{mm}$ 的钢管作为换热管。某气体在管内流动。已知气体一侧的给热系数是 $45\text{W}/(\text{m}^2\cdot\text{K})$，液体一侧的给热系数是 $1800\text{W}/(\text{m}^2\cdot\text{K})$，钢的热导率是 $40\text{W}/(\text{m}^2\cdot\text{K})$，污垢热阻忽略不计。试求：（1）传热系数 K_o；（2）若将气体的给热系数提高 2 倍，其他条件不变，K_o 如何变化？（3）若将液体的给热系数提高 2 倍，其他条件不变，K_o 又如何变化？

3-67　用温度为 593K 的石油热裂解产物来预热石油。石油的进换热器温度为 298K，出换热器温度为 473K，热裂解产物的最终总温度不得低于 493K。试分别计算并流和逆流时的平均温度差，并加以比较。

第四章

板面式换热器

▶▶▶

● **知识目标**

　　了解板面式换热器的种类、应用和特点，掌握螺旋板式换热器、板式换热器和板翅式换热器的传热原理、结构、日常维护、常见故障处理和检修。了解伞板式换热器、板壳式换热器的结构和性能特点。

● **能力目标**

　　能够根据物料的性质和使用场合选择合适的板面式换热设备类型。能使用、维护和检修各种常用的板面式换热器。

● **观察与思考**

　　通过拆卸图 4-1 所示的板式换热器，仔细观察其结构，思考板式换热器和管式换热器结构上的区别是什么？你知道板式换热器常用在什么场合吗？

图 4-1　板式换热器

　　板面式换热器是通过板面进行换热的换热器。板面上有各种凹凸条纹或者不同断面的翅片，能使流体在较低的速度下就达到湍流状态，从而加强了传热。板面式换热器与管式换热器相比，其结构紧凑，占地面积小，传热面积大，节省材料，传热效率高，加热或冷却迅速，可拆开清洗。但板面式换热器密封周边长，容易泄漏。同时受垫片材料耐热性能的限制，使用温度不能过高。又因板面式换热器两板之间间距太小，流体阻力大，容易堵塞。板面式换热器适用于热敏性物料，因此板面式换热器在食品、医药和石油化工生产中被广泛采用。

第一节　螺旋板式换热器

一、螺旋板式换热器的构造和分类

1. 螺旋板式换热器的构造和工作原理

螺旋板式换热器是由两张较长的钢板叠放在一起卷制而成的，并在其上安有端盖（或封板）和接管，螺旋通道的间距靠焊在钢板上的定距柱来保证，如图 4-2 所示。相邻两流道流过的两种流体温度不同，它们通过螺旋钢板进行传热，达到换热的目的。两流道的间距可以相同，也可不同。流道间距不能太小，也不能太大。太小容易堵塞，太大不利于传热，在制造工艺结构上也难以实现，一般为 8～30mm。

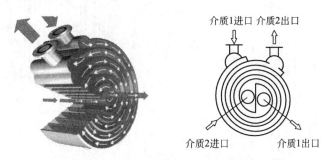

图 4-2　螺旋板式换热器工作原理图

2. 螺旋板式换热器的分类

根据螺旋板式换热器的结构，可以分为不可拆式和可拆式两大类。

（1）不可拆式　卷制后的螺旋板式换热器，其通道两端全部垫入密封条后焊死（称为Ⅰ型），如图 4-3 所示，使用压力在 2.5MPa 以内。它不可拆卸，形成固定结构，流程内部不可触及。它适用于不易堵塞的流体换热。

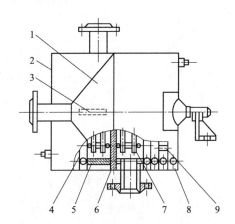

图 4-3　Ⅰ型螺旋板式换热器结构示意图

1—切向缩口；2—外圈板；3—支持板；4—螺旋板；5—半圆端板；6—中心隔板；

7—支承圈；8—圆钢；9—定距管

（2）可拆式　可拆式螺旋板式换热器结构又有Ⅱ与Ⅲ两种型式。如图 4-4 所示，Ⅱ型的螺旋通道两端面交错焊死，两端面采用端盖加垫片的密封结构，螺旋体内可由两端分别进行清洗，使用压力为 1.6MPa；如图 4-5 所示，Ⅲ型的一个通道两端焊死，另一个通道两端全部敞开，两端面采用端盖加垫片的密封结构，使用压力在 1.6MPa 以内。

3. 介质在换热器内的流动

介质流动情况有两种，对于进行换热的两种介质，如果都是液体，在螺旋板式换热器的流道中是按螺旋方向逆流流动的，如图 4-6 所示，这样能使两流体在相互传热的流程中始终保持一定的温差，从而可获得较好的效果。如换热的两种介质一种是液体，另一种是汽（气）

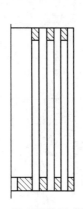
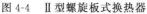

图 4-4　Ⅱ型螺旋板式换热器

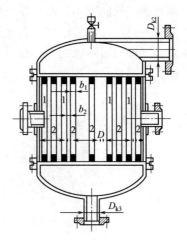

图 4-5　Ⅲ型螺旋板式换热器

体时，可按错流方式流动，错流是指液体按螺旋方向流动，汽（气）体按换热器的轴向直接通过，如图 4-7 所示，这主要是考虑到汽（气）体的特点，适于较大的流量，可减少阻力。这种流动方式适用于有机蒸汽冷凝。根据具体工况，蒸汽也可按螺旋方向流动，但因为气体热容量较小，一般按轴向直接通过。

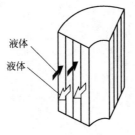

图 4-6　逆流示意图

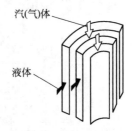

图 4-7　错流示意图

　　上述三种形式的螺旋板式换热器，除Ⅰ型采用通道两端全部焊死的结构外，对Ⅱ型和Ⅲ型一般采用垫片密封结构，端盖形式有平盖、椭圆形盖、锥形盖和密闭的椭圆形封头，具体根据流体的特性、操作压力和使用场合而定。

二、螺旋板式换热器主要结构

　　螺旋板式换热器由外壳、螺旋体、密封及进出口接管布置四部分组成。

1. 外壳

　　螺旋板式换热器的外壳是承受内压或外压的部件。为了提高外壳的承压能力，可采用增加最外一圈螺旋板厚度的方法。但因外围仍是螺旋形，就有一条纵向的角焊缝存在，如图 4-8 所示。由于角焊缝的强度不易保证，受力差，所以这种结构不能承受较高的压力。为了改善外壳与螺旋板的连接结构，提高外壳的承压能力，螺旋板式换热器外壳用两个半圆环组合焊接而成，其结构如图 4-9（a）所示。这种组合焊接的关键零件是连接板，连接板与螺旋板及外壳的连接方式如图 4-9（b）所示。其连接方法是先将螺旋板与连接板焊接，经过无损探伤合格后，再将两个半圆形的外壳与连接板焊接，焊接结构采用有衬板的对接焊缝。对接焊缝容易保证焊接质量，承受力较好，故这种连接牢固可靠，并避免了角焊缝，从而提高螺旋板式换热器的操作压力。

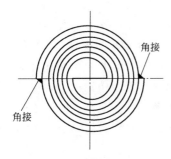

图 4-8 外圈板角接结构

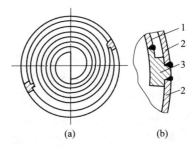

图 4-9 外壳由两个半圆筒组成的结构
1—螺旋板；2—外壳；3—连接板

2. 密封

密封结构的好坏，直接影响到螺旋板式换热器能否正常运转。即使微小的泄漏使两流体相混，也使传热不能正常进行，所以密封结构的设计是一个很重要的问题。螺旋板式换热器的密封结构有焊接密封和垫片端盖密封两种形式。

（1）焊接密封　焊接密封的结构形式有三种，如图 4-10 所示。第一种焊接密封结构如图 4-10(a) 所示，将需要密封的通道用方钢垫进钢板中，卷制后进行焊接。第二种焊接密封结构如图 4-10(b) 所示，将需要密封的通道用与通道宽度相同的圆钢垫进钢板中卷好后进行焊接。第三种焊接密封结构如图 4-10(c) 所示，将通道一边的钢板压成一斜边后与另一通道的钢板焊接。国内多数采用第二种焊接密封结构，因为圆钢条的摩擦力比方钢小，卷床消耗的功率比用方钢作密封条消耗的功率小，而且圆钢与通道两侧板是线接触，因此圆钢条与螺旋板焊接容易密封。第三种焊接密封结构，现进口使用较多，结构简单，加工方便。

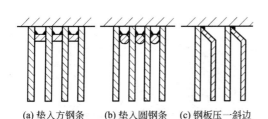

(a) 垫入方钢条　(b) 垫入圆钢条　(c) 钢板压一斜边

图 4-10　焊接密封结构形式

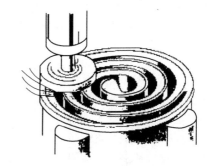

图 4-11　螺旋通道端面加工

（2）垫片端盖密封　螺旋板卷制好以后，将螺旋通道的两端经过机械加工，如图 4-11 所示，使其达到一定的平整度，然后用与端盖密封面外径相等的垫片将螺旋通道封住，如图 4-12 所示。垫片材料根据介质特性和温度选择；靠端盖上螺栓与外壳上法兰连接以达到密封要求。

由于平板盖受力最差，受压后就产生挠度，容易造成流体通道之间短路，影响传热效果，带来不良后果，因此平盖一般用于压力较低场合。为了提高螺旋板式换热器的耐压能力和密封性能，采用椭圆形端盖，如图 4-13 所示。其中密封板的作用是防止各圈螺旋通道内介质发生短路。在密封板与螺旋通道端面之间安放垫片是为了保证密封。密封板的外边缘由法兰压紧，由于密封板是受压元件，不需过大的紧固力，在设计时要考虑使密封板的板面比筒体法兰密封面低 0.2mm，以免法兰垫片压在密封板上的力影响螺栓强度。对于大直径的螺旋板式换热器，为了保证密封板与螺旋端面紧密贴合，需要在椭圆形端盖内中心部分焊接一定直径的钢管，钢管直径 d 最好为 $(0.25\sim0.35)D_i$（D_i 为螺旋体内径），在钢管另一端焊有金属压环，压环与密封板之间有一压环垫片，要求此垫片比法兰密封垫片薄 0.5mm。当用螺栓拉紧椭圆端盖与筒体法兰时，焊接的钢管随之向下压紧在密封板上，这样密封板可受到一定压力，使密封更为可靠。这种结构的承压能力比平盖形端盖高。但由于密封板与螺旋通道两端之间没有再安置垫片，加上机械加工时的尺寸误差等因素的影响，可能有些地方密封性差，以致介质发生短路，使传热效率受到一定影响。

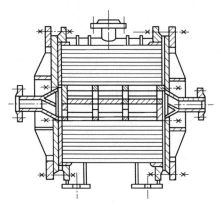

图 4-12　垫片密封示意图

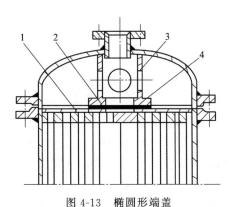

图 4-13　椭圆形端盖
1—密封板；2—压环垫片；3—钢管；4—压环

3. 螺旋体

螺旋体是一个弹性体，当其受压时往往不是压破而是压瘪，故要提高螺旋体的刚度。普遍采用的方法是在两通道内安置定距柱并缩短定距柱之间的距离，如图 4-14 所示，同时又起到维持通道宽度的作用。

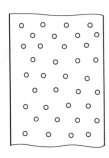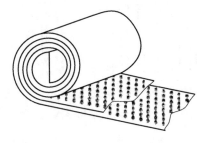

图 4-14　定距柱

4. 进出口接管布置

对于不可拆螺旋板式换热器一般在垂直于筒体的横截面安置一中心管，而螺旋通道的接管有两种布置形式，一种是接管垂直于筒体轴线方向．如图 4-15(a) 所示。这种接管在流体进入螺旋通道时突然转 90°，当流体流动方向有突变时，阻力较大。另一种接管布置成切向，如图 4-15(b) 所示，这种布置在流体由接管进入通道时是逐渐流入的，没有流动方向的突变，故阻力较小，而且还便于从设备中排除杂质，但加工比垂直接管困难。

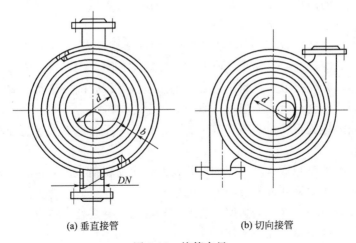

(a) 垂直接管   (b) 切向接管

图 4-15 接管布局

三、螺旋板式换热器性能特点

（1）传热效率高 由于螺旋板式换热器具有螺旋通道，流体在通道内流动，在螺旋板上焊有保持螺旋通道宽度的定距柱，在螺旋流动的离心力作用下，能使流体在较低的雷诺数时发生湍流，能提高传热效率。

（2）能有效地利用流体的压头损失 螺旋板式换热器中的流体，虽然没有流动方向的剧烈变化和脉冲现象，但因螺旋通道较长，螺旋板上焊有定距柱，在一般情况下，这种换热器的流体阻力比管壳式换热器要大一些。但与其他类型换热器相比，由于流体在通道内是做均匀螺旋流动的，其流体阻力主要发生在流体与螺旋板的摩擦和定距柱的冲撞上，而这部分阻力可以造成流体湍流，相应地增加了给热系数，因此使螺旋板式换热器能更有效地利用流体的压头损失。

（3）不易污塞 在螺旋板式换热器中，由于介质走的是单一通道，而允许速度可以比其他类型的换热器高，污垢不易沉积。如果通道内某处沉积了污垢，则此处的通道截面积就会减小，在一定流量下，如截面积减小，局部的流速就相应提高，对污垢区起到了自冲刷作用，因此它的污垢形成速度约为管壳式换热器的 1/10。发生堵塞时，国外多用酸洗或热水清洗，在国内多数采用蒸汽吹净的方法，比用热水清洗方便且效率高。

（4）能利用低温热源，并能精确控制出口温度 为了提高螺旋板式换热器的传热效率，就要求提高传热推动力。当两流体在螺旋通道中采用全逆流操作时，两流体的对数平均温度差较大，有利于传热。螺旋板式换热器允许的最小温差为最低，在两流体温差为 3℃情况下仍可以进行热交换。由于允许的温差较低，因此，世界各国都利用这种换热器来回收低温热能。

螺旋板式换热器具有两个较长的均匀螺旋通道，介质在通道中可以进行均匀的加热和冷却，所以能够精确地控制出口温度。

（5）结构紧凑 一台直径为 1.5m、宽度为 1.8m 的螺旋板式换热器，其传热面积可达 $200m^2$，单位体积的传热面积约为管壳式换热器的 3 倍。

（6）密封结构可靠 目前使用的螺旋板式换热器两通道端部采用焊接密封（不可拆式）和端盖压紧（可拆式）。不可拆式密封结构在保证焊接质量的同时，就能保证两介质之间不会产生内漏。可拆式的两端用端盖压紧，端盖上有整体密封板，只要螺旋通道两端面加工平整，可防止同侧流体从一圈旁流到另一圈。

（7）温差应力小　螺旋板式换热器的特点是允许膨胀，由于它有两个较长的螺旋形通道，当螺旋板受热或冷却后，可伸长或收缩。而螺旋体各圈之间都是一侧为热流体，另一侧为冷流体，最外圈与大气接触。在螺旋体之间的温差没有管壳式换热器中的换热管与壳体之间温差那样大，因此不会产生大的温差应力。

在国内外使用的螺旋板式换热器实例中，使用在两介质温差很大的场合，也未发现有较大的温差应力存在。

（8）热损失少　由于结构紧凑，即使换热器的传热面积很大，但它的外表面积还是较小的。又因接近常温的流体是从最外边缘处的通道流出，所以一般不需要保温。

螺旋板换热器相对于列管式换热器，也有其自身的不足之处。在设计、制造和安装使用过程中需要注意掌握的有以下几个方面。

① 承压能力受限　这一点在安装使用当中，要求用户按铭牌上的设计参数使用，不可超压和超温工作；以保证其安全使用。

② 容量受限　由于单流道流通能力较小，故介质的体积流量受到限制，流道不能过大，否则，流阻增大，使输送动力消耗加大。

③ 制造复杂　传热部分和密封部分制造比较复杂。

④ 修理困难、机械清洗困难　一般螺旋板主要采用热水冲洗、酸洗和蒸汽吹洗三种，在国内较多采用蒸汽吹洗的方法。

总之，螺旋板换热器优点突出，已经广泛应用于化工、食品、医药等部门。螺旋板换热器在使用过程中，还可以切换通道，利用一侧流体去冲刷另一侧流道的污垢，但应注意对于易生硬垢的介质不宜采用。另外，如果用作冷凝器使用时，必须立式放置，其他情况立、卧放置均可。

四、螺旋板式换热器的维护

1. 螺旋板式换热器的维护

（1）日常维护

① 定期检查设备情况，并根据温度、压力值确认运行情况是否正常。

② 长时间停运时，应将通道内介质排放干净，然后用压缩空气吹干，最好内充氮气并封闭进出口。外表擦洗干净，补刷防锈油漆，密封面涂黄干油防护。

③ 流道内出现污垢后，可用酸清洗去除污垢，并立即用碱溶液中和后进行充分清洗。对通道内的杂物可用蒸汽吹扫清除。

④ 严禁在带压运行时进行焊接等任何维修。

⑤ 焊缝泄漏补焊等维修应正确选用焊材，防止焊接裂纹的产生。

（2）维护安全注意事项

① 操作人员必须严格执行工艺操作流程，严格控制工艺条件，严防设备超温、超压。

② 冬季停车应放尽容器中的介质，防止冻坏设备。

③ 换热器在运行中，不允许带压紧固螺栓。

2. 螺旋板式换热器常见故障现象、原因及处理方法

螺旋板式换热器常见故障现象、原因及处理方法见表4-1。

表 4-1　螺旋板式换热器常见故障现象、原因及处理方法

故障现象	故障原因	处理方法
传热效率低	①螺旋体通道结垢 ②螺旋体局部腐蚀，使介质短路 ③平板盖变形	①用酸洗或蒸汽吹洗 ②修理或整合更换 ③整形或更换端盖
连接处泄漏	①螺旋体两端面不平或有缺陷 ②螺旋体端面与密封垫板间有脏物 ③螺栓受力不均	①修整或更换 ②清除脏污脏物 ③对称交叉均匀紧固螺栓
介质串混	①螺旋体腐蚀穿孔 ②密封板变形	①更换设备 ②更换密封板

五、螺旋板式换热器的检修

1. 检修内容与要求

（1）中修检修内容和要求

① 检查端盖与壳体连接部位的密封情况，视情况修理或更换密封垫片；

② 检查修理换热器进出口管道、阀门；

③ 检查换热器焊接部位的密封情况；

④ 检查清理螺旋通道；

⑤ 检查、校验仪表及安全装置；

⑥ 检查各部位紧固螺栓，必要时更换；

⑦ 检查、修补绝热层和防腐层。

（2）大修检修内容和要求

① 包括中修内容；

② 修理或更换进出口管道阀门；

③ 检修或更换螺旋板式换热器，并试压检验；

④ 修理或更换各仪表、管线和安全装置；

⑤ 检查修理基础；

⑥ 进行防腐处理，更换绝热层。

2. 螺旋板式换热器的修理

（1）壳体的检修与处理

① 壳体表面应进行多点测厚，对局部减薄或腐蚀严重的应予以焊补。

② 壳体对接焊缝须经超声波或 X 射线检查，质量符合国家标准的有关规定。

（2）螺旋体的检修与处理

① 螺旋体应无明显变形、压瘪等现象，如有变形，应予以修复。对变形、压瘪严重，修复困难的，应予以更换。

② 螺旋体焊缝须经 100％无损探伤检查合格。

（3）密封结构的检修与处理

① 对垫片密封结构，应检查垫片是否有变形、老化；垫片在换热器检修时一般应予更换。有关垫片的性能和选用可参见 JB/T 4751—2003《螺旋板式换热器》。

② 对焊接密封结构，应用磁粉或着色探伤检查，对存有裂纹等缺陷的应打磨干净，再进行焊补。

3. 强度试验和气密性试验

强度试验一般用液压试验,其试验压力为设计压力的 1.25 倍。当不能采用液压试验时,可采用气压试验,其试验压力为设计压力的 1.15 倍。采用气压试验时,必须采取严格的安全措施,并经技术负责人批准;试压时两通道要保持一定压差。

在整个试压过程中,注意观察有无渗漏现象,当试验压力高时,还应注意两端面的变形。气密性试验则在液压试验后,以设计压力的 1.05 倍进行试验。用肥皂水检漏,不冒气泡为合格。已经做过气压试验,并经检查合格的,可免做气密性试验。

4. 试车与验收

(1) 试车前的准备工作

① 完成全部检修项目,检修质量达到要求,检修记录齐全。

② 清扫整个系统,设备管道阀门均畅通无阻。

③ 确认仪表及其他安全附件完整、齐全、灵敏、准确。

④ 拆除盲板,打开放空阀门,放净全部空气。

⑤ 清理施工现场,做到"工完、料净、场地清"。

⑥ 对易燃、易爆的岗位,要按规定备有合格的消防用具和劳保防护用品。

⑦ 排净设备内水、气,对易燃、易爆介质的设备,还应用惰性气体置换干净,保证运行安全。

⑧ 凡影响试车安全的临时设施,起重吊机具等一律拆除。系统中如无旁路,试车时宜增设临时旁路。

(2) 试车

① 检查盲板,是否拆除,检查管道、阀门、过滤器及安全装置是否符合要求。

② 开车或停车过程中,应逐渐升温和降温,避免造成压差过大和热冲击。

③ 试车中应检查有无泄漏、异响,如未发现泄漏、介质互窜,温度及压力在允许范围内,则试车符合要求。

(3) 验收　试车后压力、温度、流量等参数符合技术要求,连续运转 24h 未发现任何问题,技术资料齐全,即可按规定办理验收手续,并交付生产。

第二节　板式换热器

板式换热器是加热、冷却领域中最新型的设备之一,具有结构紧凑、占地面积小、传热效率高、操作维修方便等优点,并具有处理小温差的能力。板式换热器作为一种高效节能产品,已广泛应用于矿山、冶金、石油、化工、机械、电力、医药、食品、轻纺、造纸、船舶、海洋开发等领域。

一、板式换热器的结构和换热原理

板式换热器由一组长方形的薄金属传热板片构成,用框架将板片夹紧组装于支架上。两个相邻板片的边缘衬以垫片(各种橡胶或压缩石棉等制成)压紧,板片四角有圆孔,形成流体的分配管和汇集管,四个接管与板片一起形成流体的通道,如图 4-16 所示。两种换热介质交替地在板片两侧流过,分别流入各自流道,形成逆流或并流,通过每个板片进行热量交换,如图 4-17 所示。

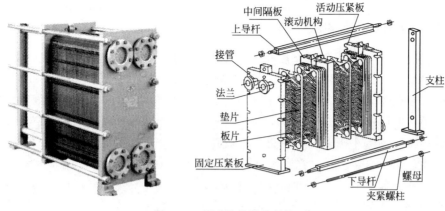

图 4-16　板式换热器的结构

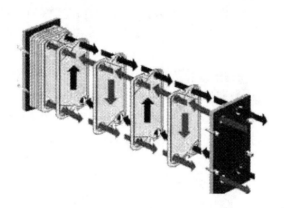

图 4-17　板式换热器工作原理图

板式换热器主要由传热板片、密封垫片、两端压板、夹紧螺栓、支架等组成。

传热板片是换热器主要起换热作用的元件，传热板片厚度为 0.5～3mm，相当薄，所以传热阻力小，但刚度不够。通常都将板片压制成各种波纹形的表面，如图 4-18 所示，既增强了板片的刚度，不致受压变形，同时也使流体流经不平的表面时，增强其湍流程度，从而提高传热效率，另外也比光滑板面的面积有所增加。

(a) 人形波纹　　(b) 水平平直波纹　　(c) 球形波纹　　(d) 斜形波纹　　(e) 竖直波纹

图 4-18　波纹形板片

板式换热器的密封垫片主要是在换热板片之间起密封作用。两端压板主要是夹紧压住所有的传热板片，保证流体介质不泄漏。夹紧螺栓起紧固两端压板的作用，一般是双头螺纹，预紧螺栓时，应使固定板片的力矩均匀。支架主要用于支承换热板片，使其拆卸、清洗、组装方便。

二、板式换热器的性能特点

① 传热系数高：由于平板式换热器中板面有波纹或沟槽，可在低雷诺数（$Re = 200$ 左右）下即达到湍流。而且板片厚度又小，故传热系数大，在相同的情况下，其传热系数比一般钢制管壳式换热器高 3～5 倍。换热面积仅为管壳式换热面积的 1/4～1/3。例如水对水的传热系数可达 $1500～4700\text{W}/(\text{m}^2 \cdot ℃)$。

② 结构紧凑：由于传热板片紧密排列，板间距较小（一般为 4～6mm），而板片表面经冲压成形的波纹又大大增加了有效换热面积，故单位容积中容纳的换热面积很大，单位体积设备可提供的传热面为 $250～1000\text{m}^2/\text{m}^3$（列管式换热器只有 $40～150\text{m}^2/\text{m}^3$），占地面积明显少于同样换热面积的管壳式换热器，同时相对金属消耗小，重量轻，一般不需特殊的地基，而且现场装拆时不用占额外的空间。

③ 具有可拆结构：由压紧螺栓紧密组装的板片，将压紧螺栓卸掉后，即可松开板片，或卸下板片进行机械清洗或手工清洗，这对需要经常进行检修和清洗的换热设备来说十分方便。

④ 易于改变换热面积或流程组合：因为板片可拆，所以可根据需要，用调节板片数目的方法增减传热面积，能精确控制换热温度，操作灵活性大。改变板片的排列，或更换几张板片即可达到所要求的流程组合，适应新的换热工况，如图 4-19 所示。改变流程来改变换热工况可大大降低工程的总投资费用，更加显示出板式换热器的经济实用。

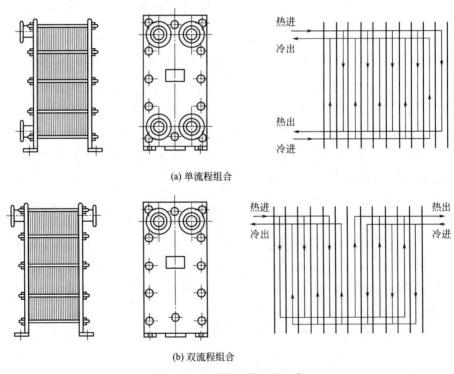

(a) 单流程组合

(b) 双流程组合

图 4-19　板式换热器流程组合

⑤ 允许的操作压强比较低：通常操作压强低于 1.5MPa，最高不超过 2.0MPa，压强过高容易泄漏。

⑥ 密封周边太长，不易密封，渗漏可能性大。

⑦ 操作温度受垫片材料的耐热性限制，一般不超过250℃。

⑧ 由于两板的间距仅几毫米，流通面积较小，流速又不大，处理量较小，流动阻力大。

板式换热器可用于处理从水到高黏度液体的加热、冷却、冷凝、蒸发等过程，适用于经常需要清洗、工作环境要求十分紧凑的场合。

三、板式换热器的维护和故障处理

1. 板式换热器的维护

（1）日常检查与维护　日常维护应定时检查设备静密封的外漏情况，通过压力表或温度表监测流体进出口的压力、温度情况；设备如果没有温度计，可通过红外线测温仪监测进出口温度。对设备的内漏，可通过流体取样分析或电导分析仪监测。

对于备用设备，若长期不使用时，应将紧固螺栓放松到规定尺寸，以确保垫片及换热器板片的使用寿命，使用时再按要求夹紧。

板式换热器的易损部件主要是密封垫片，如密封垫片损坏需更换。正确的操作对板式换热器的使用寿命有直接的影响，因此在换热器运行时，应避免影响其性能的不正当操作，介质入口应加合适的过滤器。

（2）清洗过滤器　板式换热器流体通道小，一般在流体进口装有过滤器。过滤器的规格应根据流体介质的化学特性、浑浊性、颗粒度等选取，必须保证过滤器开孔率不小于80%。若介质杂物多、浊度大，最好在总管与支管上均装设过滤器（即两级过滤）。

如果发现介质出入口短管及通道有杂物堆积，则说明过滤器失效，应及时清洗。清洗滤芯杂质，或视滤芯情况更换滤芯，完毕回装，不需停车。

（3）控制工艺参数　板式换热器对工艺流体的要求是温度和压力不能太高，操作温度下流体不结晶、不沉淀。换热器应根据各自的特点选择流体流量、温度、压力。

（4）防垢处理　换热器运行一定时间后，在内外壁上黏附一层白色水垢。水垢形成的原因主要是水中含有溶解度较小的钙、镁盐类，且其溶解度随水温升高而下降，变成难溶的盐类（水垢）。

为防止水垢的产生，目前常采用加药软化处理、磁化及离子棒防垢处理、钠离子交换处理等方法。具体处理办法需要根据介质的实际使用情况定。

2. 板式换热器常见故障及处理

板式换热器常见故障现象、产生原因及排除方法见表4-2，以供参考。

表4-2　板式换热器常见故障现象、产生原因及排除方法

故障现象	产生原因	排除方法
两种介质互窜	①换热板片腐蚀穿透 ②换热板片有裂纹	①更换换热板片 ②修补换热板片或更换
换热板片压偏	①板束压紧值超过允许范围 ②夹紧螺栓紧固不均匀 ③换热板片变形太大 ④密封垫片厚度相差太大 ⑤换热板片挂钩损坏 ⑥密封垫片沟槽深度偏差太大	①严格控制板束长度计算值,不得超过允许范围 ②应对称、交叉拧紧夹紧螺栓 ③更换换热板片 ④应根据技术要求选择密封垫片 ⑤更换换热板片挂钩 ⑥更换密封垫片或更换换热板片

故障现象	产生原因	排除方法
密封垫片 断裂与变形	①介质温度长期超过允许值 ②橡胶密封垫片老化 ③密封垫片配方及硫化不佳 ④密封垫片厚度不均 ⑤密封垫片材质选择不对	更换新的密封垫片
压力降超值或 压力突然猛增	①过滤器失效 ②角孔处有脏物堵塞 ③板片通道有污垢结疤 ④压力表失灵 ⑤介质入口管堵塞	①更换过滤器或清洗过滤器 ②清理角孔处堵塞的脏物 ③用化学或机械方法清除污垢结疤 ④修理、校对或更换压力表 ⑤清理入口管路脏物
传热效果差	①冷介质温度高 ②换热板片污垢 ③水质污浊或油污、微生物过多 ④超过清洗间隔期为清洗 ⑤多板程中盲孔位置错误 ⑥设备内空气未放尽	①降低水温或加大水量 ②清洗板片,去除污垢 ③加强过滤、净化价值 ④定期清洗并清扫过滤器 ⑤重新组装 ⑥排尽设备内部空气
换热器冷热不均	①开车时设备内空气未放尽 ②部分通道堵塞 ③停车时介质未放尽,尤其易结晶介质	①放尽设备内空气 ②加强清洗与过滤,疏通部分堵塞通道 ③停车并放尽设备内介质

四、板式换热器的检修

1. 检修周期及主要内容

① 板式换热器检修类别分为大修和不定期检修。大修检修周期为 12～18 个月。

② 大修内容

a. 解体清洗、检查,必要时更换换热板片。

b. 检查密封垫片,必要时更换密封垫片。

c. 检查各零部件的附着和变形情况,必要时进行修复或更换。

d. 检查,紧固地脚螺栓。

e. 碳钢制板式换热器需防腐、涂漆。

2. 检修前的准备

（1）技术准备　说明书、图样、技术标准等资料的准备；运行记录、预检记录、设备缺陷及功能失常的技术状态记录的准备；定制检修方案。

（2）物料准备　拆装工具,特别是专用扳手；换热板片、密封垫片等。

（3）安全技术准备　缓慢关闭换热器两侧流体阀门,使两侧压力同时缓慢下降,且确认换热器内部已排空；用蒸汽吹扫换热器,降温至 40℃ 以下方可拆卸；将高位换热器放置到操作台或地面上方可检修。

3. 检修方法

（1）拆卸

① 拆卸前应测量板束的压紧长度尺寸,做好记录,以便回装时参考。

② 拆卸活动压紧板。

③ 沿活动压紧板至固定压紧板方向，依次拆下换热板片和密封垫片，并按照顺序编号放置，不得磕碰。密封垫片若粘在两板片间的沟槽内，需用螺钉旋具小心地将其分开，螺钉旋具应先从易剥开的部位插入，然后沿其周边进行分离。

（2）清洗检查换热板片

① 清除换热板片上的积垢，可采用手工清洗法或化学清洗法；采用化学方法清洗后，应以清水洗净。

② 对不锈钢制换热板片，即用钢丝刷刷洗换热板片，以免划伤。

③ 检查换热板片是否穿孔，一般用放大镜逐片观察，也可用煤油渗透法检查。

④ 保护密封面，使之不被划伤。

⑤ 放置换热板片要平稳，防止发生变形。

（3）装配

① 组装时，注意流程通道孔的相对位置，不能搞错。

② 将板片密封槽擦净，把黏合剂均匀涂在板片沟槽内，然后放上密封垫片，用平板压平，放置48h。

③ 更换新密封垫片时，要仔细检查密封垫片的规格、尺寸和材质，并应使四个角的空位置与旧密封垫片相同。

④ 装配按拆卸的相反顺序进行。

⑤ 拧紧螺栓的顺序按图4-20所示进行。

⑥ 换热器在试压、验收完毕至第一次使用前，将各紧固螺栓再均匀紧固一次。

4. 检修质量标准

（1）换热板片

① 换热板片应无裂纹、划痕、变形等缺陷。

② 板厚不均匀偏差不超过板厚的5%。

③ 平板板片的平面度不大于0.5mm；伞板板片的平面度不大于

图4-20 拧紧螺栓的顺序

1mm；板片螺栓孔距偏差为±0.3mm。

④ 板片周边与平面应光滑、平整，不许有锤击伤痕、折皱和其他机械伤痕。

⑤ 板片组装不得错位，注意拆卸时的编号。

（2）密封垫片

① 密封垫片材质必须符合图样要求，尺寸正确，厚度均匀。

② 密封垫片不得有老化、断裂等缺陷。

③ 封头封头与板片接触面粗糙度 Ra 值不大于 $3.2\mu m$。

（3）装配

① 压紧尺寸的计算可参考设备资料或拆卸前的测量板束的压紧长度尺寸。

② 组装压紧后，上下左右平行度不大于1/1000。

③ 组装后，外形不应倾斜。

5. 试压与验收

（1）试压前的准备　压力试验前，各连接部位的紧固螺栓必须齐全、紧固，必须用两个量程相同并经校验的压力表，且装在便于观察的部位；压力试验场地应有可靠的安全防护设施，并应经单位技术负责人和安全部门检查认可；压力试验过程中，不得进行与试验无关的工作，无关人员不得在试验现场停留。

（2）试压

① 液压试验　液压试验的压力为最高工作压力的 1.25 倍；做水压试验时，应对两种介质的流程分别进行试验。将换热器进口用盲板堵死，然后注水，缓慢升压，升到试验压力后，保持 30min，无渗漏、目测无异常响声即为合格；然后再用同样的方法进行另一个流程试验。

② 气密性试验　介质毒性为极度、高度危险或不允许有微量泄漏的换热器必须做气密性试验；气密性试验应在液压试验合格后进行；试验压力为最大工作压力的 1.05 倍。试验时压力应缓慢上升，达到规定压力后，稳压 10min，用肥皂水检查，不冒气泡为合格。

（3）验收　检修质量符合质量标准，试压合格；投入运行 24h 无异常现象，换热效果符合生产要求，可办理验收手续。

第三节　板翅式换热器

一、板翅式换热器的结构与工作原理

板翅式换热器是一种紧凑、轻巧而高效的换热设备。板翅式换热器的结构单元主要由翅片、隔板和封条组成，形式很多。在两块平隔板之间放一波纹板状的金属导热翅片，两边用侧条密封，构成单元体。对各个单元体进行不同的叠积和适当排列，并用钎焊连接成的牢固的组装件，称为芯部或板束。通常在板束顶部和底部各留一层起绝热作用的假翅片层，由较厚的翅片和隔板制成，无流体通过。板束上设置有导流片、封头和流体出入口接管，这样就构成一个完整的板翅式换热器，如图 4-21 所示。

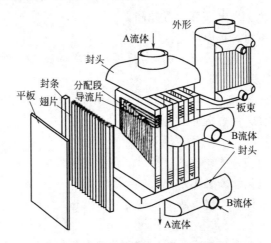

图 4-21　板翅式换热器结构分解示意图

翅片主要起传热的作用，同时还在两层平隔板间起支撑作用，使薄板单元件结构有较高的强度和承压能力。其材质主要根据介质的腐蚀性能及操作条件来确定，一般采用不锈钢、铝合金。封条起固定板片的作用，一般与翅片材质相同。平隔板起夹紧翅片形成单元体结构的作用。

冷、热流体分别流过间隔排列的冷流层和热流层而实现热量交换。一般翅片传热面积占

总传热面积的 $75\%\sim85\%$，翅片与隔板间为钎焊，大部分热量由翅片经隔板传出，小部分热量直接经隔板传出。翅片的形式有很多种，常用的有平直翅片、锯齿翅片、多孔翅片、波纹翅片等，如图 4-22 所示。

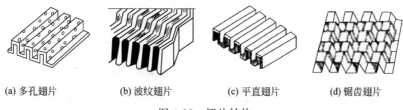

(a) 多孔翅片 (b) 波纹翅片 (c) 平直翅片 (d) 锯齿翅片

图 4-22 翅片结构

二、板翅式换热器的性能特点

① 传热效率高：由于翅片对流体的扰动使边界层不断破裂，因而具有较大的换热系数；同时由于隔板、翅片很薄，具有高导热性，所以板翅式换热器可以获得很高的效率。

② 结构紧凑：由于板翅式换热器具有扩展的二次表面，单位体积内传热面积能达 $2500\sim4370\mathrm{m}^2/\mathrm{m}^3$，是管壳式换热器的十几倍到几十倍，而重量只有管壳式换热器的 $10\%\sim65\%$。

③ 轻巧：结构紧凑且多为铝合金制造，现在钢制、铜制、复合材料制的也已经批量生产。

④ 适应性强，应该广泛：板翅式换热器可适用于气-气、气-液、液-液、各种流体之间的换热以及发生集态变化的相变换热。通过流道的布置和组合能够适应逆流、错流、多股流、多程流等换热工况。通过单元间串联、并联、串并联的组合可以满足大型设备的换热需要。板翅式换热器流程如图 4-23 所示。目前空分设备几乎所有的换热器均采用板翅式换热器，由于其紧凑、高效、轻巧、铝制结构等，在这些方面与其他类型换热器相比处于绝对优势。在石油化工的乙烯装置、合成氨装置、天然气液化与分离等装置中，板翅式换热器也担负着重要的角色。在深低温的氢、氦、制冷、液化设备中板翅式换热器已占据很重要的位置。此外，汽车、航空工业是板翅式换热器的发源领域，这方面不言而喻。值得一提的是，目前在工程机械、通用机械、内燃机车等领域，板翅式换热器也被广泛应用于各种油、水、

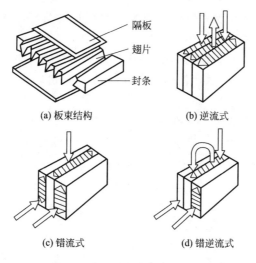

隔板
翅片
封条

(a) 板束结构   (b) 逆流式

(c) 错流式   (d) 错逆流式

图 4-23 板翅式换热器流程示意图

气体的冷却器，前景良好。

⑤ 制造工艺要求严格，工艺过程复杂。

⑥ 流道小、容易堵塞，不耐蚀，清洗检修很困难，故只能用于换热介质干净、无腐蚀、不易结垢、不易沉积、不易堵塞的场合。

三、板翅式换热器的维护与故障处理

1. 板翅式换热器的维护

（1）日常维护

① 操作人员严格执行操作规程，确保进出口温度、压力及流量控制在操作指标内，防止急剧变化，并认真填写记录。

② 定期检查壳体、封头、管子和法兰连接处有无异响、腐蚀及泄漏；设备、管道及相邻构件之间有无摩擦或碰撞；内部有无跑冷现象，监测冷箱进、出口压差。

③ 检查设备的安全附件是否齐全、灵敏、可靠；有关管件、附件是否齐全完好，切换系统运行是否正常，发现缺陷应及时消除；勤擦拭、勤打扫，保持设备及环境的整洁，做到无污垢、无垃圾、无泄漏。

④ 检查冷箱的保冷效果是否良好，外壁有无结冰、结霜或凝水等现象，冷箱内的氮封压力是否正常。

⑤ 维修人员每天应定时巡回检查，发现跑、冒、漏、滴及时处理；保证各种机、电、仪设备状态良好，阀门开关灵活；检查各连接件的紧固螺栓是否齐全、可靠。

⑥ 从冷箱底部检查板束单元两侧强度层排气孔有无冷气逸出（或排气管外是否凝水或结霜），必要时分析各通道进出口气体或冷箱逸出气体以及冷凝水捕集器排比液的成分，进行查漏。

⑦ 检查换热器阻力、端面温差、冷箱氮封压力等参数是否正常；检查设备、自动阀箱及工艺配管等有无泄漏；对运行中无法处理的异常情况做好详细记录，便于停车检修时安排处理。

⑧ 严格执行交接班制度，未排除的故障应及时上报，故障未排除不得盲目开车。

（2）定期检查　按照《化学工业设备动力管理规定》附件中设备完好四条规定的标准每月进行评级检查；按照《压力容器安全技术监测规程》的要求，每年至少进行一次外部检查，检查内容依据规程规定。

（3）过滤器的清洗　不可拆板翅式换热器结构复杂，流体通道狭小，不便清洗。所以前端常设置两台过滤器，一台运行，一台备用，压力降超过最大压力降时，应随时切换清洗。

（4）开、停车及运行中的注意事项

发生下列情况之一时，操作人员应采取紧急措施，尽快停止设备：

① 换热器及外部铁箱结构严重变形；

② 换热器及管道损坏引起火灾，无法紧急处理；

③ 在开停车过程中系统发生不正常现象危及设备安全；

④ 其他危及人身和设备安全的紧急情况。

2. 常见故障与处理

板翅式换热器常见故障现象、产生原因和排除方法可参考表 4-3。

表 4-3 板翅式换热器常见故障现象、产生原因和排除方法

序号	故障现象	产生原因	排除办法
1	压差增大	①工艺空气带水 ②切换阀、均压阀、自动阀箱漏气 ③板束堵塞	①调整工艺参数,严重时停车处理 ②停车消除泄漏部位 ③消除堵塞部位
2	短期停车切换阀冻住	停车后通道内冷气下沉	外部用低压蒸汽加热
3	产品纯度低	板束单元有内漏	停车处理内漏通道,也可带压开孔将来自泄漏通道的低纯度流体引出
4	安全阀泄漏,不能维持正常生产	阀座、阀芯磨损,密封失灵	停车检修安全阀,安全阀重新校验
5	换热器压力、温度波动大,出口温度分布不均	①换热器内有水已结冰 ②有油进入换热器 ③压力表、温度计失灵	①停车解冻 ②控制好膨胀机油系统压差 ③更换压力表、温度计

四、板翅式换热器的检修

检修的主要内容如下。

(1) 小修项目

① 检查热端板束、封头、接管及其他开孔处的所有焊缝;检查板翅式换热器管线有无、损坏,视情况对切换通道热端上的封头、连通管、集气管间连接焊缝进行着色检查。

② 对设备进行定点测厚,特别是空气进集气管的切换阀后管段。

③ 必要时在封头或接管上开小孔,用内窥镜检查板束端部的隔板、导流片、封头接管内部及集液槽的腐蚀、冲刷等情况。

④ 检查设备基础下沉、倾斜及开裂等现象,视情况采取加固措施;检查滑动支板、固定支板及挂架,检查活动支座、基础螺栓有无松动、锈蚀,支座导向垫是否完好,视情况进行预紧或更换;箱体刷漆防腐。

⑤ 对设备所属切换阀、均压阀、自动阀箱、安全阀及仪表指示、控制系统等应按有关规程进行检查、修复和校验,必要时予以更换。

⑥ 及时消除运行中存在的缺陷及漏点;随系统一起对自动阀箱及冷箱底部的切换阀、均压阀等进行气密查漏。

(2) 大修项目

① 小修所有项目。

② 对设备进行内外部检验。

③ 检查冷箱内设备接管及工艺配管等有无弯曲、压瘪等缺陷,设备、管道相邻构件之间有无擦碰痕迹。

④ 对运行中存在缺陷的板束单元进行处理,板束单元循环严重难以修复时予以更换。

⑤ 根据有关规程进行耐压试验和气密性试验。

(3) 检修前准备

① 根据检修类别,编写检修施工方案 检修之前,要广泛进行调查,做好技术交底工作,取得各方面的资料和记录并认真研究制定检修施工方案。检修前应准备好有关的检修资料,主要包括:了解换热器一段时间内的运行情况;对制造厂资料进行审查,安装资料和交工记录要齐备;检修用的各种图表、图样、记录表格要设计且应齐全;熟悉并掌握技术标准

和相关的规范。

② 准备好检修必备的工器具、材料、施工机械等　各种备品备件要齐全、合格；施工用各种器具齐备且安全可靠；各类防护用品齐全可靠。

③ 处理设备系统　排尽集液槽中液体，系统泄压后，加热吹扫至常温。必要时应进行置换，工艺人员在停车以后对换热器进行置换，从排放口取样分析合格，办理设备交出证。进入冷箱要经过可燃气体检测分析。各种照明电器均应是防爆的，电压为12V。36V以上各种电动工具要有合格的漏电保护措施。人员进入容器要办入罐证、登高作业证。

④ 做好技术培训，办好检修施工作业许可证　检修人员必须了解设备结构及有关技术资料；对受压元件施焊的焊工，必须持有相应有效的焊工合格证；按有关规定进行焊接工艺评定，合格后制定出焊接工艺规范，检修中按此规范施焊；施工前应对使用机具、备品备件、材料的型号、规格、数量、质量等进行检查与核对，以确保符合技术要求；做好检修人员的安全教育，采用必要的检修安全措施，动火前要办理动火证。

⑤ 制定焊接修理方案　凡属受压元件的施焊修理（焊补、堆焊、挖补、更换受压元件等），应另行编制施焊修理方案，经有关部门审查，企业主管技术负责人批准后实施方案中除对施焊部位的打磨、切割、成形等提出要求外，还应对焊工、焊接材料、焊接工艺和热处理、质量标准等提出明确要求。

（4）拆卸与检查

① 打开冷箱人孔，拆除、清理保冷材料。

② 用盲板隔断与其连接的设备和管道，并做明显的隔离标记和详细记录。

③ 开口的管口应及时进行封闭保护，以防潮或避免异物进入。

④ 试压、查漏并标出泄漏部位，必要时对各通道充压，检查设备内漏情况。

⑤ 对设备进行外观检查；检查设备的基础、支座、支架、垫块及螺栓；检查工艺配管变形情况；视情况进行无损检测。

（5）检修

① 根据《在用压力容器检验规程》对设备进行内外部检验，对检验中发现的超标缺陷进行处理。缺陷打磨部位的剩余壁厚小于原设计计算厚度时，必须进行补焊。

② 根据内部检查情况和测厚结果，判定壁厚减薄情况，对于强度不足的封头、连通管、集气管应采取堆焊、挖补等补强措施，堆焊表面不得高出母材表面2mm，否则高出部分应磨去，严重时予以更换。

③ 设备接管及工艺配管变形严重时应予矫正，修复困难则更换管段。

④ 经检查发现板束外漏时应进行修理，板束外漏可用局部补焊的方法处理。如果板翅式换热器与管道发现泄漏，要根据有关规定进行补焊并进行气密性试验。

⑤ 对运行中存在内漏的板束单元进行处理。板束的内漏一般是由于隔板损坏或封头内的封条与隔板间的焊缝质量不好，当泄漏由隔板损坏引起时可将泄漏的那层通道堵掉，当损坏的那层通道较靠近强度层时也可采用局部挖补堵焊处理，对封头内的封条部位的泄漏可用局部补焊的方法处理。

⑥ 外部管道与设备连接前应进行脱脂处理，并用干燥、无油、洁净的空气或氮气进行吹扫，确认合格后方可与设备连接。当用氮气吹扫时，应采取防窒息措施。

（6）压力试验与验收

板翅式换热器压力试验与验收要求基本与板式换热器相同。

第四节 其他形式板面式换热器简介

一、板壳式换热器

板壳式换热器主要由板束和壳体两部分组成，如图4-24所示，是介于管壳式和板式换热器之间的一种换热器。板束（图4-25）相当于管壳式换热器的管束，每一板束元件相当于一根管子，由板束元件构成的流道称为板壳式换热器的板程，相当于管壳式换热器的管程；板束与壳体之间的流通空间则构成板壳式换热器的壳程。板束元件的形状可以是多种多样。

板壳式换热器具有管壳式和板式换热器两者的优点。结构紧凑，单位体积包含的换热面积较管壳式换热器增加70％；传热效率高，压力降小；与板式换热器相比，由于没有密封垫片，较好地解决了耐温、抗压与高效率之间的矛盾；容易清洗，但焊接技术要求高。板壳式换热器常用于加热、冷却、蒸发、冷凝等过程。

二、伞板式换热器

伞板式换热器是由板式换热器演变而来的。伞板式换热器是由伞形传热板片、异形垫片、端盖和进出口接管等组成。它以伞形板片代替平板片，从而使制造工艺大为简化，成本降低。伞板式结构稳定，板片间容易密封。伞板式换热器工作原理如图4-26所示。

该设备的螺旋流道内具有湍流花纹，增加了流体的扰动程度，因而提高了传热效率。伞板式换热器具有结构紧凑、传热效率高、便于拆洗等优点。

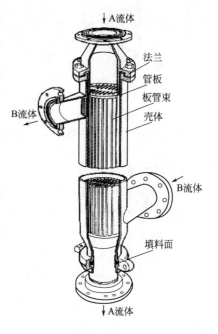

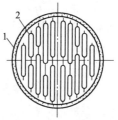

图 4-24 板壳式换热器
1—壳体；2—板束

但由于设备的流道较小，容易堵塞，不宜处理较脏的介质，目前一般只适用于液-液、液-蒸汽换热，且处理量小、工作压力及工作温度较低的场合。

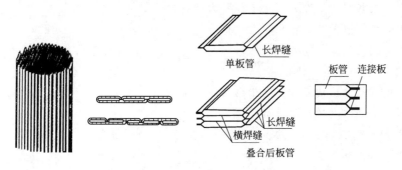

图 4-25 板束

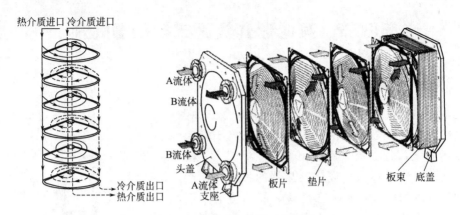

图 4-26 伞板式换热器工作原理

同步练习

一、填空题

4-1 板面式换热器与管式换热器相比具有_____等优点，但其_____性能比管式换热器差，结构和制造上尚存在问题。

4-2 板式换热器的密封垫片主要是起_____作用。

4-3 Ⅰ型螺旋板式换热器_____进行机械清洗或检修。

4-4 板式换热器主要由_____、_____、_____、夹紧螺栓、支架等组成。

4-5 板面式换热器按传统板面的结构形式可分为：_____、伞板式换热器、_____、_____、_____。

4-6 螺旋板式换热器主要是由_____四部分组成。

4-7 螺旋板式换热器强度试验一般用液压试验，其试验压力为设计压力的____倍。如进行气压试验，其试验压力为设计压力的____倍。

4-8 螺旋板式换热器的密封结构有两种形式，_____和_____。

4-9 螺旋板式换热器常见故障有_____。

4-10 板式换热器主要由_____等组成。传热板片的作用是_____，密封垫片的作用是_____，两端压板的作用是_____，夹紧螺栓的作用是_____。

4-11 板式换热器常见故障形式有_____。

4-12 板式换热器的清洗方法主要分两大类，即_____。

4-13 板翅式换热器的结构单元主要由_____组成。

4-14 板翅式换热器中翅片的作用是_____，封条的作用是_____，平隔板作用是_____。

4-15 板翅式换热器的翅片常用的结构形式有_____。

4-16 板翅式换热器常见故障有_____。

4-17 板壳式换热器主要是由_____组成。

4-18 伞板式换热器主要是由_____组成。

4-19 伞板式换热器具有_____的优点。

二、简答题

4-20 板面式换热器可以分成哪几种类型？

4-21 螺旋板式换热器有何优缺点？适用于哪些场合？

4-22 板式换热器有何特点？适用于哪些场合？

4-23 板翅式换热器有何特点？适用于哪些场合？

4-24 板壳式换热器有何特点？适用于哪些场合？

4-25 螺旋板式换热器的日常维护包括哪些内容？螺旋板式换热器的检修包括哪些内容？

4-26 板式换热器的日常维护包括哪些内容？板式换热器的检修包括哪些内容？

4-27 板翅式换热器的日常维护包括哪些内容？

4-28 板翅式换热器的检修包括哪些内容？

4-29 螺旋板式、板式和板翅式换热器常见故障与排除方法各是什么？

4-30 板面式换热器与管壳式换热器比较，优缺点体现在哪些方面？

第五章

干燥设备

● **知识目标**

了解干燥设备在化工、医药等行业中的应用，了解湿空气的基本性质及湿物料中所含水分的性质。掌握干燥过程中的热质传递。掌握主要干燥设备的特点、结构及应用。

● **能力目标**

能分析主要干燥设备的工作情况。

● **观察与思考**

在日常生活中，我们都有这样的生活经验，刚洗好的衣服，在晴好天气下晾比阴雨天晾，衣服要容易干；同时洗好的若干件不同质地的衣服，在同样的天气状况下晾晒，衣服干的快慢也不同。

- 请思考其原因。
- 这种道理是否适应工业中湿物料的干燥？

第一节 干燥的基本原理及干燥设备的分类

各种化学成品在储存、运输、加工和应用时对某些性能的要求是不同的，其中湿分（水分或化学溶剂）的含量就规定有固定的标准。例如一级尿素成品含水量不能超过0.5％，聚氯乙烯含水量不能超过0.3％（以上均为湿基）。所以，固体物料制成成品之前，必须除去其中超过规定的湿分。除湿的方法很多，化学工业中常用的主要除湿方法有以下几种。

① 机械除湿 如采用沉降、过滤、离心分离等方法除湿。这种方法能耗较少，但除湿不完全。

② 吸附除湿 用干燥剂（如无水氯化钙、硅胶等）吸附除去物料中的水分，该法只能除去少量湿分，适合于实验室使用。

③ 加热除湿（即干燥） 利用热能使湿物料中的湿分汽化，并排出，以获得湿含量达到要求的产品。加热除湿彻底，能除去湿物料中大部分湿分，但能耗较多。为节省能源，工业上往往联合使用机械除湿和加热除湿操作，即先用比较经济的机械方法尽可能除去湿物料中大部分湿分，然后再利用干燥方法继续除湿，以获得湿分符合规定的产品。

通常把采用热物理方式将热量传给含水的物料并将此热量作为潜热而使水分蒸发、分离操作的过程称为干燥。其特征是采用加热、降温、减压或其他能量传递的方式使物料中的水分挥发、冷凝、升华等相变过程与物料分离以达到去湿的目的。

干燥技术的应用，在我国具有十分悠久的历史，闻名于世界的造纸技术，就是干燥技术的应用。现代干燥技术在国民生产中应用的程度与一个国家的综合国力和国民生活质量水平密切相关，从某种意义上来说，它标志着这个国家国民经济和社会文明的发达程度。

一、干燥的目的

干燥是在传热传质的同时伴随有除湿过程，其目的是除去某些原料、半成品中的水分或溶剂，就化学工业而言目的在于使物料便于包装、运输、加工和使用。具体如下。

① 悬浮液和滤饼状的化工原料和产品，可经干燥成为固体，便于包装和运输。

② 不少化工原料和产品，由于水分的存在，易霉烂、虫蛀或变质，这类物料经过干燥便于储藏，例如生物化学制品、抗生素及食品等，若含水量超过规定标准，易变质影响使用期限，需要经干燥后储藏。

③ 为了使用方便，例如食盐、尿素等，当其干燥至含水率为 0.2%～0.5% 时，物料不易结块，使用比较方便。

④ 便于加工：一些化工原料，由于加工工艺要求，需要粉碎到一定的粒度范围和含水率，以利于再加工和使用。

⑤ 为了提高产品的质量：某些化工原料和产品，其质量的高低和含水量有关，物料经过干燥处理，水分除去后，有效成分相应增加，从而提高产品质量。

二、干燥操作的分类

干燥操作通常按下列方法分类。

1. 按操作压强分类

按操作压强分为常压干燥和真空干燥。真空干燥适合于处理热敏性及易氧化的物料，或要求成品中含湿量低的场合。

2. 按操作方式分类

按操作方式分为连续操作和间歇操作。连续操作具有生产能力大、产品质量均匀、热效率高以及劳动条件好等优点。间歇操作适用于处理小批量、多品种或要求干燥时间较长的物料。

3. 按传热方式分类

按传热方式可分为传导干燥、对流干燥、辐射干燥、介电加热干燥以及由上述两种或多种方式组合的联合干燥。

（1）传导干燥 传导干燥是指热能通过传热壁面以传导方式传给物料，产生的湿分蒸汽被气相（又称干燥介质）带走，或用真空泵排走的过程。例如纸制品可以铺在热滚筒上进行干燥。

（2）对流干燥 对流干燥是指干燥介质直接与湿物料接触，热能以对流方式加入物料，产生的蒸汽被干燥介质带走的过程。

（3）辐射干燥 辐射干燥是指由辐射器产生的辐射能以电磁波形式达到物体的表面，为物料吸收而重新变为热能，从而使湿分汽化的过程。例如用红外线干燥法将自行车表面油漆烘干。

（4）介电加热干燥　介电加热干燥是指将需要干燥的电解质物料置于高频电场中，电能在潮湿的电解质中变为热能，可以使液体很快升温汽化的过程。这种加热过程发生在物料内部，故干燥速率较快，例如微波干燥食品。

化学工业中常采用连续操作的对流干燥，以不饱和热空气为干燥介质，湿物料中的湿分多为水分，本章即以此为讨论对象。显然，除空气外，还可用烟道气或某些惰性气体作为干燥介质，物料中的湿分也可能是各种化学溶剂，这种系统的干燥原理与空气-水系统完全相同。

三、湿空气的基本性质

大多数工业干燥过程均采用预热后的空气作为干燥介质，不含水蒸气（水汽）的空气称为绝干空气，但环境空气是含有少量水蒸气的气-汽混合物，所以又称为湿空气。由于湿空气是绝干空气和水蒸气的混合物，因此，湿空气的总压力 p 等绝干空气的分压力和水蒸气分压 p_v 之和。在干燥操作中，作为载热体和载湿体的不饱和湿空气的状态变化，反映了干燥过程中的传热和传质，因此，了解描述湿空气性质或状态参数十分必要。

1. 绝对湿度

空气的干湿程度称为"湿度"。在一定温度下，在一定体积的空气里含有的水汽越少，则空气越干燥；水汽越多，则空气越潮湿。

绝对湿度是湿空气中所含水汽质量与绝干空气质量之比，用 H 表示，即

$$H=\frac{湿空气质量}{湿空气中绝干气的质量}=\frac{M_v n_v}{M_a n_a}=\frac{18 n_v}{29 n_a}=0.622 \text{kg（水汽）/kg（绝干气）} \qquad (5-1)$$

式中　M_a——干空气的摩尔质量，kg/kmol；

M_v——水汽的摩尔质量，kg/kmol；

n_a——湿空气中干空气的千摩尔数，kmol；

n_v——湿空气中水汽的千摩尔数，kmol。

对水蒸气-空气系统，上式可写成

$$H=0.622\frac{p_v}{p-p_v} \qquad (5-2)$$

式中　p_v——水蒸气分压，MPa；

p——湿空气总压，MPa。

当空气达到饱和时，相应的湿度称为饱和湿度，用 H_s 表示。由于水的饱和蒸汽压只与温度有关，故饱和湿度是湿空气温度和总压的函数。

$$H_s=0.622\frac{p_s}{p-p_s} \qquad (5-3)$$

式中　p_s——同温度下水的饱和蒸汽压，MPa。

2. 相对湿度

在一定总压下，湿空气中水蒸气分压与同温度下水的饱和蒸汽压之比的百分数称为相对湿度，用 φ 表示，即

$$\varphi=\frac{p_v}{p_s}\times 100\% (p_s \leqslant p) \qquad (5-4)$$

相对湿度表明了湿空气的不饱和程度，反映了湿空气吸收水汽的能力。当 $p_v=p_s$ 时，

$\varphi=1$（或 100%），表示空气已被水蒸气饱和，不能再吸收水汽，已无干燥能力；当 $p_v=0$ 时，$\varphi=0$，表示绝干空气。φ 愈小，表示湿空气偏离饱和程度愈远，干燥能力愈强。

H 与 φ 之间的函数关系为

$$H=0.622\frac{\varphi p_s}{p-\varphi p_s} \tag{5-5}$$

3. 湿空气比体积

在湿空气中，1kg 绝干空气的体积和其所夹带 Hkg 水蒸气的体积之和称为湿空气比容，又称湿容积，用 v_H 表示，即

$$v_H=\frac{m^3\ 绝干空气体积+水蒸气体积}{绝干气质量}\ [m^3（湿空气）/kg（绝干气）]$$

湿空气比体积随其温度和湿度的增加而增大。

4. 湿比热

常压下，将湿空气中 1kg 绝干空气和其所带的 Hkg 水蒸气的温度升高 1℃所需要的热量称为湿比热。简称湿热，用 c_H 表示，单位为 kJ/[kg（干空气）·℃]。湿比热只是温度的函数。

5. 焓

湿空气中 1kg 绝干空气的焓与其所带 Hkg 水蒸气的焓之和称为湿空气的焓，用 I 表示，单位为 kJ/kg（干空气）。

6. 露点

在一定压力下，将不饱和空气等湿降温至饱和，出现第一滴露珠时的温度称为露点，用 t_d 表示。

7. 干球温度、湿球温度

（1）干球温度　干球温度是指空气的真实温度，可直接用普通温度计测量，为了与将要讨论的湿球温度区分，这种真实的温度称为空气的干球温度，用表 t 示。

（2）湿球温度　如图 5-1 所示，用水润湿纱布包裹普通温度计的感温球，即成为一湿球温度计。将它置于一定温度和湿度的流动的空气中，达到稳态时所测得的温度称为空气的湿球温度，用 t_w 表示。

当不饱和空气流过湿球表面时，由于湿纱布表面的饱和蒸汽压大于空气中的水蒸气分压，在湿纱布表面和气体之间存在着湿度差，这一湿度差使湿纱布表面的水分汽化被气流带走，水分汽化所需潜热首先取自湿纱布中水分的显热，使其表面降温，于是在湿纱布表面与气流之间又形成了温度差，这一温度差将引起空气向湿纱布传递热量。当单位时间由空气向湿纱布传递的热量恰

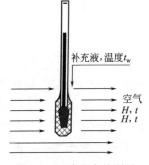

图 5-1　湿球温度的测量

好等于单位时间自湿纱布表面汽化水分所需的热量时，湿纱布表面就达到稳态温度，即湿球温度。

8. 绝热饱和温度

绝热饱和过程中，气、液两相最终达到的平衡温度称为绝热饱和温度，用 t_{as} 表示。

图 5-2 表示了不饱和空气在与外界绝热的条件下和大量的水接触，若时间足够长，使传热、传质趋于平衡，则最终空气被水蒸气所饱和，空气与水温度相等，即为该空气的绝热饱

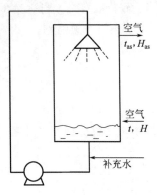

图 5-2　绝热饱和温度的测量

和温度。

对于空气和水的系统，湿球温度可视为等于绝热饱和温度。因为在绝热条件下，用湿空气干燥湿物料的过程中，气体温度的变化是趋向于绝热饱和温度 t_{as} 的。如果湿物料足够润湿，则其表面温度也就是湿空气的绝热饱和温度 t_{as}，亦即湿球温度 t_w，而湿球温度是很容易测定的，因此湿空气在等焓过程中其他参数的确定就比较容易了。

比较干球温度 t、湿球温度 t_w、绝热饱和温度 t_{as} 及露点 t_d 可以得出以下结论。

不饱和湿空气：$t > t_w (t_{as}) > t_d$

饱和湿空气：$t = t_w (t_{as}) = t_d$

四、湿物料中所含水分的性质

在干燥过程中，水分从固体物料内部向表面移动，再从物料表面向干燥介质中汽化。用空气作干燥介质时，干燥速率不仅取决于空气的性质，也取决于物料中所含水分的状态。

1. 湿物料中含水量的表示方法

（1）湿基含水量　湿物料中所含水分的质量分率称为湿物料的湿基含水量，用 w 表示，即

$$w = \frac{湿物料中的水分的质量}{湿物料总质量}$$

（2）干基含水量　不含水分的物料通常称为绝对干料。湿物料中，水分的质量与绝对干料质量之比，称为湿物料的干基含水量，用 X 表示，即

$$X = \frac{湿物料中的水分的质量}{湿物料绝干物料的质量} \ [kg（水）/kg（绝干料）]$$

两者的关系如下。

$$X = \frac{w}{1-w}$$

$$w = \frac{X}{1+X}$$

2. 水分与物料的结合方式

物料中的水分与物料的结合方式可分为表面水、非结合水（自由水或毛细水）和结合水（吸湿水或溶解水）。表面水是指那些由于表面张力作用，以液膜状态存在于物料表面的水分；所有非吸湿性物料内部包容的水分均为非结合水；而结合水则是指所有承受蒸汽压低于同温度下纯水蒸气压的内部水分。结合水又可以进一步分为以下几种。

（1）化学结合水　指与离子或结晶体的分子化合的水分，其结合力是最强的。此类结合水与物料的结合有着非常准确的函数关系。常见的化学结合水分是结晶水。要除去此类水分，需要采用非常高的温度加热（如煅烧）才能实现。常规的干燥设备很难达到这样的要求，所以，此类水分不做干燥考虑。这种水分用干燥的方法不能除去。

（2）物理-化学结合水　又称吸附结合水，水分以物理-化学结合力与物料结合一体，结合力较高。常见的物理化学结合水分有吸附水分、小毛细管内的渗透水分和结构水分。这种水分只有变成蒸汽后，才能从物料中排除。干燥设备进行干燥作业的对象一般就是此类，可

以说是干燥设备的主要任务就是去除物理-化学结合水分。

（3）物理-机械结合水 毛细管水分属于此类，是指多孔性物料孔隙中所含有的水分。此类水分是最易去除的，因为其结合力很差，只需要借助机械脱水等基础设备就能达到干燥的目的，去除水分的难度最低，能耗也最低。

3. 平衡水分和自由水分

根据物料在一定的干燥条件下所含水分能否用干燥方法除去来划分，可分为平衡水分和自由水分。

（1）平衡水分 物料中所含有的不因与空气接触时间延长而改变的水分，这种恒定的含水量称为该物料在一定空气状态下的平衡水分。图5-3为某些黏胶丝在20℃时空气相对湿度与平衡水分之间的关系曲线（平衡干燥曲线）。由图可见，相对湿度越大，物料中的平衡水分也越大。平衡水分随着物料的种类而异，但平衡水分随空气相对湿度变化的总趋向是一致的。平衡水分是物料在一定的干燥条件下能够用干燥方法除去所含水分的极限值。

（2）自由水分 物料中超过平衡水分的那一部分水分，称为该物料在一定空气状态下的自由水分。物料所含的总水分为自由水分与平衡水分之和，在干燥过程中可以除去的水分仅为自由水分。

4. 结合水分与非结合水分

根据物料与水分结合力的状况，可将物料中所含水分分为结合水分与非结合水分。

（1）结合水分 包括物料细胞壁内的水分、物料内毛细管中的水分及以结晶水的形态存在于固体物料之中的水分等。这种水分是籍化学力或

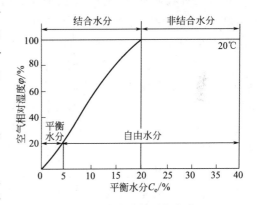

图 5-3 黏胶丝的平衡水分

物理-化学力与物料相结合的。由于结合力强，其蒸汽压低于同温度下纯水的饱和蒸汽压，致使干燥过程的传质推动力降低，故除去结合水分较困难。

（2）非结合水分 包括机械地附着于固体表面的水分，如物料表面的吸附水分、较大孔隙中的水分等。物料中非结合水分与物料的结合力弱，其蒸汽压与同温度下纯水的饱和蒸汽压相同，因此，干燥过程中除去非结合水分较容易。

用实验方法直接测定某物料的结合水分与非结合水分较困难，但根据其特点，可利用平衡关系外推得到。在一定温度下，由实验测定的某物料的平衡曲线，将该平衡曲线延长与相对湿度为100％的横轴相交（图5-3），交点以左的水分为该物料的结合水分，交点以右的水分为非结合水分。

综上所述，平衡水分和自由水分、结合水分和非结合水分是两种概念不同的区分方法。非结合水分是干燥中容易除去的水分，而结合水分较难除去；是结合水分还是非结合水分仅取决于固体物料本身的性质，与空气状态无关。自由水分是在干燥中可以除去的水分，而平衡水分是不能除去的。自由水分和平衡水分的划分除与物料有关外，还决定于空气的状态。

五、干燥过程中的热质传递

湿物料干燥过程是一个物料内部以及物料表面与干燥介质间的边界热量和质量耦合传递

过程，如图 5-4 所示。

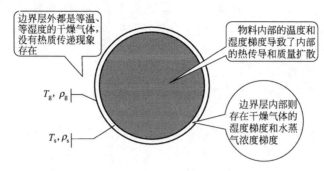

图 5-4　干燥过程中的热质传递

1. 传热过程

恒定的对流干燥条件下（干燥介质的流量、温度、湿度不变），热空气环绕物料流过，从而将本身的热量传递给湿物料，同时又将湿物料中蒸发出的水蒸气带走，从而达到干燥的目的。温度为 T_g 的热空气与表面温度为 T_s 的湿物料接触后（$T_g > T_s$），会使物料表面附近的热空气温度降低，形成一个温度高于 T_s 但低于 T_g 的气体温度边界层。该层的外边缘温度即为干燥介质温度 T_g，向内温度逐渐降低，最后在边界层内缘温度即为湿物料的表面温度 T_s。由于边界层内径向温度差存在，必然导致对流换热现象出现，将干燥介质所携带的热量传递至湿物料的表面。当热量到达湿物料表面并使其温度升高，致使其温度 T_s 高于物料中心温度 T_e，在物料中心与外表面形成温度差 $T_s - T_e$，该温差必然会导致固体物料内部由外向内的热传导。上述热量传递过程中，边界层的对流换热强度只取决于物料外部的干燥条件，如风温、风速、风的湿度、物料表面形状等外部条件，与物料本身性质无关，所以称边界层的对流换热为"外部条件控制的换热过程"。而物料内部的热传导速率只与物料的热物理特性（如热导率、物料成分、结构等因素）有关，而与外部条件无关，所以称为"内外部条件控制的换热过程"。

2. 传质过程

同理，物料内部的水分传递过程也与上述热量传递过程类似，不过传递方向相反，是由里向外进行的。在湿物料内部的质量扩散过程是由水分浓度梯度导致的，而在浓度边界层内的对流质量传递过程则是由边界层内的水蒸气浓度梯度导致的。与热量传递类似，边界层的对流质量传递过程亦只取决于物料外部的干燥条件，如风温、风速、风的湿度、物料表面形状等外部条件，与物料本身性质无关，称边界层的对流传质为"外部条件控制的传质过程"。而物料内部的质量扩散速率只与物料的特性（如质量扩散系数、物料成分、结构等因素）有关，而与外部条件无关，称为"内部条件控制的扩散过程"。

六、干燥特性曲线

若将非常潮湿的物料放置在恒定不变的干燥条件下，例如在一定温度、湿度和风速的过量空气流中，定时测定被干燥物料的质量变化及物料表面温度 θ 的变化。根据实验数据经整理后可分别绘出如图 5-5 所示的物料含水量 X 与干燥时间 τ、物料表面温度 θ 与干燥时间 τ 的关系曲线，这两条曲线称为干燥曲线。

单位时间内在单位干燥面积上汽化的水分量称为干燥速率，用 U 表示。图 5-6 所示为物

料干燥速率 U 与物料含水量 X 关系曲线，称为干燥速率曲线。

从图 5-5、图 5-6 可看出，干燥过程可分为预热阶段 AB、恒速阶段 BC 和降速阶段 CD 三个阶段。

1. 预热阶段

由图 5-5 可见，图中 A 点表示物料初始含水量为 X_1、温度为 θ_1，干燥开始后，物料含水量及其表面温度均随时间而变化。在 AB 段内物料的含水量下降，温度上升。AB 段为物料的预热阶段，空气中部分热量用于加热物料，物料含水量及温度均随时间变化不大，即斜率 $dX/d\tau$ 较小，其干燥速率。预热阶段所需时间较短，可以忽略不计。

2. 恒速干燥阶段

到达 B 点时，物料表面温度升至 t_w，即空气的湿球温度。其后 BC 段的斜率 $dX/d\tau$ 变化大，X 与 τ 基本呈直线关系，因此，其干燥速率不变，即其干燥速率为恒速，BC 段称为恒速干燥阶段。恒速阶段内空气传给物料的显热恰等于水分从物料中汽化所需的汽化热，物料表面温度等于热空气的湿球温度 t_w。

3. 降速干燥阶段

进入 CD 阶段后，物料即开始升温，热空气中部分热量用于加热物料，使其由 t_w 升高到 θ_2，另一部分热量用于汽化水分，因此，该段斜率 $dX/d\tau$ 逐渐变为平坦，直到物料中所含水分降至平衡含水量 X^* 为止，干燥过程终止。

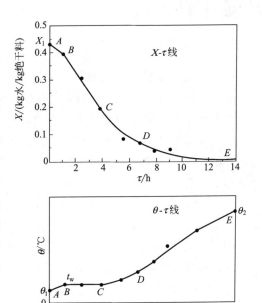

图 5-5　恒定干燥条件下某物料的干燥曲线

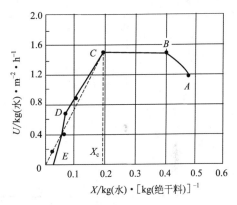

图 5-6　恒定干燥条件下干燥速率曲线

干燥速率曲线的转折点（C 点）称为临界点，该点的干燥速率 U_c 仍等于等速阶段的干燥速率，与该点对应的物料含水量，称为临界含水量 X_c。当物料的含水量降到临界含水量以下时，物料的干燥速率亦逐渐降低。因此，图中 CDE 阶段称为降速干燥阶段。

图中所示 CD 段为第一降速阶段，这是因为物料内部水分扩散到表面的速率已小于表面水分在湿球温度下的汽化速率，这时物料表面不能维持全面湿润而形成"干区"，由于实际汽化面积减小，因而以物料全部外表面积计算的干燥速率下降。

图中 DE 段称为第二降速阶段，由于水分的汽化面随着干燥过程的进行逐渐向物料内部移动，从而使热、质传递途径加长，阻力增大，造成干燥速率下降。到达 E 点后，物料的含水量已降到平衡含水量 X^*（即平衡水分），再继续干燥亦不可能降低物料的含水量。

降速干燥阶段的干燥速率主要决定于物料本身的结构、形状和大小等，而与空气的性质关系不大。这时空气传给湿物料的热量大于水分汽化所需的热量，故物料表面的温度不断上升，而最后接近空气的温度。

七、干燥设备的分类

1. 对干燥设备的主要要求

进行去湿的设备称为干燥设备，又称干燥器。对各种干燥产品会有独特的要求，例如，有些产品有外形及限温的要求，有些产品有保证整批的均一性和防止交叉污染等特殊要求等，这就要对干燥设备提出各种条件。近年来随着生产的迅速发展，已开发出许多智能、节能、大型连续化等能适应各种独特要求的干燥器。

通常，对干燥器的主要要求如下。

① 能满足产品的工艺要求，达到规定的干燥程度，干燥质量均匀；保持好的产品结晶形状，不能有龟裂、变形。

② 干燥速率快、干燥时间短，设备体积小。降低耗能量，同时还应考虑干燥器辅助设备的规格和成本，即经济效果要好。

③ 操作控制方便，劳动条件好。

2. 干燥器的分类

干燥器通常按加热的方式来分类，如表 5-1 所示。

表 5-1　常用干燥器的分类

类型	干燥器
对流干燥器	厢式干燥器 气流干燥器 沸腾干燥器 转筒干燥器 喷雾干燥器
传导干燥器	滚筒干燥器 真空盘式干燥器
辐射干燥器	红外干燥器
介电加热干燥器	微波干燥器

第二节　厢式干燥器

厢式干燥器又称为盘式干燥器或室式干燥器，通常，小型的称为烘厢，大型的称为烘房。厢式干燥器是典型的常压间歇操作、物料静置型的干燥设备。如图 5-7 所示，厢式干燥器主要由一个或多个室或格组成，在其中放上装有被干燥物料的浅盘。这些浅盘一般放在可移动的盘架或小车上，能够自由移动进出干燥室。采用一个或多个风机来送热空气，使浅盘上的物料得到干燥。有时也可将物料放在开孔的盘上，让热风穿过物料。

干燥室可用钢板、砖、石棉板等建造；放物料的浅盘可用钢板、不锈钢板、铝板、铁丝网等制成，视被干燥物料性质而定。

厢式干燥器的优点是结构简单，制造容易，操作方便，适用范围广。缺点是间歇操作，干燥时间长，干燥不均匀，人工装卸料，劳动强度大。尽管如此，它仍是中小型企业普遍使用的一种干燥器。由于物料在干燥过程中处于静止状态，特别适用于易碎、胶黏性、可塑性、粒状、膏状物料。

厢式干燥器的种类按热风的流动方式可分为自然对流、平行流和穿流强制循环三种形式。当干燥室被抽成真空时，就成为真空厢式干燥器；将采用小车的厢式干燥器发展为连续的或半连续的操作，便成为洞道式干燥器。

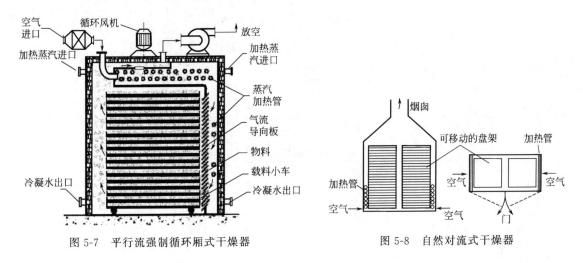

图 5-7 平行流强制循环厢式干燥器　　　　　　图 5-8 自然对流式干燥器

一、自然对流式干燥器

如图 5-8 所示，采用两台可移动的盘架，两边为蒸汽加热管，这是最简单的结构形式，能量消耗大，效率极低。目前，这种干燥器已基本淘汰。

二、平行流强制循环厢式干燥器

如图 5-7 所示，平行流强制循环厢式干燥器的热风流动方向与物料平行，干燥从物料的表面开始进行。平行流强制循环厢式干燥器由加热器、循环风机、干燥板层、支架、干燥主体、吸气口、排气口组成。其整体呈厢形，为了充分利用热能，在厢体外部设有绝热保温层，并设有气体的进、出口。内部由一个或多个格组成，在格上放置装有被干燥物料的浅盘，并按一定间距放在固定架上或是小车型的可推动架上，小车可方便地进出干燥厢。厢内设置有热风循环扇、气体加热器（蒸汽加热翅片管或电加热元件）和可调节的气体挡板。干燥室中设计有若干层搁物架用于搁置浅盘，干燥时，将物料按规定厚度铺置在浅盘中，加热空气由空气整流板均匀进入干燥室各层之间，从物料上方流过。物料中的水分蒸发成蒸汽，随空气排出。

工作时将加热后的热风通过送风系统送入，热风沿着物料表面平行流过，由于热风温度比物料温度高，因此，在干燥区以对流的方式与物料进行热量和能量交换完成干燥过程。为了充分利用热能，对含有一定热量的气体通过循环风机和再加热器进行再利用。平行流强制循环厢式干燥器的进气速度取决于物料的粒度，其大小使物料不被气流带走为宜，一般为1～10m/s。

平行流强制循环厢式干燥器适用于染料、颜料等干燥完成后容易产生粉尘的物料以及药品等处理量小、品种多的粉状物料。该种干燥器虽然结构简单，适用物料范围广，但干燥的时间较长。平行流强制循环厢式干燥器的主要技术参数见表5-2，运转数据见表5-3。

表 5-2　平行流强制循环厢式干燥器的主要技术参数

每次干燥量 /kg	配用功率 /kW	耗用蒸汽 /kg·h⁻¹	散热面积 /m²	风量 /m³·h⁻¹	上下温差 /℃	配用烘盘	外形尺寸(面宽×深度×高)/mm	配套烘车
100	11	20	20	1400	±2	48	2430×1200×2375	2
200	11	40	40	5200	±2	96	2430×2200×2433	4
300	22	60	80	9800	±2	144	3430×2200×2620	6
400	22	80	100	9800	±2	192	4380×2200×2620	8
25	0.45	5	5	3450	0	8	1550×1000×2044	0
100	0.45	18	20	3450	±2	48	2300×1200×2300	2
200	0.9	36	40	6900	±2	95	2300×2200×2300	4
300	1.35	54	80	10350	±2	144	2300×3220×2000	6
400	1.8	72	100	13800	±2	192	4460×2200×2290	8
120	0.9	20	25	6900	±1	48	1460×2160×2250	2
专用烘箱	2.2	60	100	6900	±2		1140×6180×3240	5

注：表中数据引自《现代干燥技术》第二篇第 5 章。

表 5-3　平行流强制循环厢式干燥器的运转数据

物料	颜料	染料	医药品	催化剂	铁酸盐	氰硅酸钠	树脂	食品
处理量/kg	2000	850	150	900	3900	1450	200	30
原料水分(湿基)/%	80	75	40	75	40	30	5	15
制品水分(湿基)/%	1	1	0.5	2	0.5	8	0.5	4
原料堆积密度/kg·L⁻¹	0.7	0.7	0.5	1.2	1.3	1.1	0.7	0.5
干燥时间/h	12	6	7	13	7	6	8	3
热风温度/℃	130→90	180→80	80	120	250	110	55	80
干燥面积/m²	78	35	28	32	80	42	30	46
热源	蒸汽	蒸汽	蒸汽	蒸汽	重油	电力	蒸汽	蒸汽
动力/kW	11	7.5	1.5	6.25	14.7	4.45	1.5	2.2

注：表中数据引自《现代干燥技术》第二篇第 5 章。

三、穿流强制循环厢式干燥器

穿流强制循环厢式干燥器如图 5-9 所示，由料盘、过滤器、盖网、风机等组成。料盘的底部由金属网或者多孔板制成。工作时，气流垂直穿过物料层表面，气固接触面积增大、内部湿分扩散距离短，克服了水平气流式厢式干燥器的热气流只通过物料表面而传热效率低的缺点，干燥的热效率比平行气流式的高 3～10 倍。在干燥操作初始阶段，可适当提高气速，

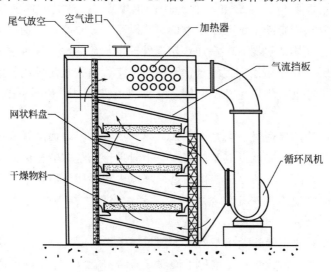

图 5-9　穿流强制循环厢式干燥器

以提高干燥效率；在干燥的恒速阶段，固体表面的温度近于空气的湿球温度，气体温度可高一些；而当物料表面干燥后，就要适当降低气流速度，以防止过热引起被干燥物料表面硬化和变质，并防止扬尘。

为使热风顺利穿流过物料层，物料应具有一定间隙度，如呈粒状、片状、环状、柱状等，通入的热风流速以不带走物料为宜，一般为 0.6～1.2m/s。料层厚度控制在25～65mm。

穿流强制循环厢式干燥器操作的关键是料层的厚度均匀，保持相同的压力降，热气流能够通过所有物料层而无死角存在。有时为了防止物料的飞散，常在物料盘上盖金属丝盖网等气流挡板，如图 5-8 所示。

穿流强制循环厢式干燥器适用于通气性好的颗粒状、条状、块状等物料。该种干燥器结构简单，操作方便，但物料层应均匀，否则会出现气流夹带物料或者漏气问题。穿流强制循环厢式干燥器的运转数据见表 5-4。

表 5-4　穿流强制循环厢式干燥器的运转数据

物料	颜料	医药品	催化剂	树脂	窑业制品	氨基酸
处理量/kg	200	260	370	35	100	200
原料水分(湿基)/%	60	65	—	35	31	50
制品水分(湿基)/%	0.3	0.5	—	10	3	2
原料堆积密度/kg·L⁻¹	0.56	0.5	0.92	0.8	0.51	0.5
热风温度/℃	60	80	400	150	100	80
干燥时间/h	5	6	—	3	40	1
干燥面积/m²	6.5	5.8	4.6	0.63	6.6	5.8
热源	蒸汽	蒸汽	气体	蒸汽	电力	蒸汽
动力/kW	11	11	3.7	—	7.5	11

注：表中数据引自《现代干燥技术》第二篇第 5 章。

四、真空厢式干燥器

利用水环式真空泵或水力喷射泵抽湿、抽气，使物料在干燥室内处于真空状态下加热干燥的厢式干燥器称为真空厢式干燥器，其结构如图 5-10 所示。它有一个钢制外壳，端面为长方形或圆形，内有许多空心隔板，通过进气多支管在隔板中通入蒸汽或热水。将干燥的物料盘放在隔板上，把干燥箱的门关闭，用真空泵将干燥室抽成真空，隔板内的蒸汽渐渐将盘

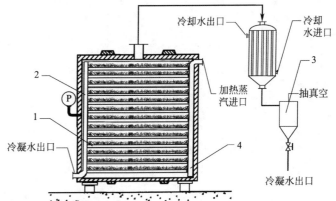

图 5-10　真空厢式干燥器

1—空心隔板；2—凝液多支管；3—真空储罐；4—进气多支管

中物料加热到指定的温度，水分即在干燥室的压力下汽化，并在冷凝器中冷凝成液体。冷凝器安装在干燥器和真空泵之间。

真空厢式干燥器具有良好的密封效果，加热气体不与物料直接接触，具有干燥速度快、干燥时间短、产品质量高、无扬尘现象等优点，适用于不耐高温、易于氧化、贵重的生物制品的干燥，特别是对所含湿分是有毒、有价值物料干燥时，可进行冷凝回收。真空厢式干燥器的系列规格见表5-5，其运转数据见表5-6。

表5-5 真空厢式干燥器的系列规格

名称	YZG–600	YZG–1000	YZG–1400A	FZG–12	FZG–15
干燥箱内尺寸/mm	$\phi600\times976$	$\phi1000\times1527$	$\phi1400\times2054$	1500×1400×1300	1500×1400×1220
干燥箱外尺寸/mm	4135×810×1020	1693×1190×1500	2386×1675×1920	1700×1900×2140	1513×1924×2060
烘架层数	4	6	8	8	8
层间距离/mm	81	102	102	132	122
烘盘尺寸/mm	310×500×45	250×410×45	400×600×45	480×630×45	480×630×45
烘盘数	4	24	32	32	32
烘架管内使用压力/MPa	≤0.784 (8kgf/cm²)	≤0.784	≤0.784	≤0.784	≤0.784
烘架使用温度/℃	−35～150	−35～150	−35～150	−35～150	−35～150
箱内空载真空度/Pa	1333(10托)	1333	1333	6666(50托)	1333
在0.1MPa、加热温度110℃时，水的汽化率/kg·m⁻¹·a⁻¹	7.2	7.2	7.2	7.2	7.2
用冷凝器时，真空泵型号、功率	ZX-15,2kW	ZX-30A,3kW	ZX-70A,5.5kW	ZX-70A,5.5kW	ZX-70A,5.5kW
不用冷凝器时，真空泵型号、功率	JZJS-70,7kW	JZJS-70,7kW	JZJS-70,7kW	JZJS-70,7kW	JZJS-70,7kW
干燥箱质量/kg	250	800	1400	2500	2100

注：表中数据引自《现代干燥技术》第二篇第5章。

表5-6 真空厢式干燥器的运转数据[1]

物料	医药品	医药品	染料	铜粉	溶剂	树脂	酵母	糕点、糖果
处理量/kg	200	130	900	500	960	150	70	350
原料水分(湿基)/%	15	40	66	5	92.2	15	80	10
制品水分(湿基)/%	0.5	1	4.5	0	0	0.8	11	4
原料堆积密度/kg·L⁻¹	0.5	0.25	1.2	2.0	1.2	0.55	1.0	—
温度/℃	60	75	132	60	150	95～50	40	80
干燥时间/h	20	16	10	2	3	10	30	2.4
干燥面积/m²	20	17	35	6.4	26	15	7	21
真空度/mmHg[2]	25	5	36	50	—	10～5	60～4	10
蒸源	温水	温水	蒸汽	温水	蒸汽	温水	温水	温水
动力/kW	11	7.5	7.5	1.5	—	3.7	11	11

[1] 表中数据引自《现代干燥技术》第二篇第5章。

[2] 1mmHg=133.322Pa。

五、洞道式干燥器

将采用小车的厢式干燥器发展为连续的或半连续的操作，便成为洞道式干燥器，如图

5-11 所示。洞道式干燥器的干燥室是一个狭长的洞道，在洞道内铺设了两根铁轨，载物小车在铁轨上运行，被干燥物料放置在小车内、运输带上、架子上或自由地堆置在运输设备上，沿通道向前移动，并一次通过洞道。加料和卸料在干燥室两端进行。空气被加热器加热并强制地连续流过物料表面，通过热交换将物料中的水分蒸发带走，从而达到干燥物料的目的。空气的流程可安排成并流、逆流或空气从两端进中间出。进风口和排风口都设计在进料端，与物料形成逆流流程。出风口热风回流通道，通过阀门操作可调节排风量和回风量之间的比例。

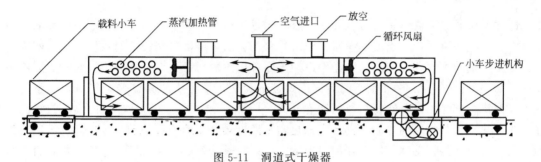

图 5-11 洞道式干燥器

洞道式干燥器可进行连续或半连续操作。其制造和操作都比较简单，能量消耗也不大，适用于具有一定形状的比较大的物料，如皮革、木材、陶瓷等的干燥。

第三节 转筒干燥器

一、转筒干燥器的工作原理

转筒干燥器是最古老的干燥器之一，目前仍广泛应用于化工、建材及冶金等领域，其外形如图 5-12 所示。在进行干燥时，湿物料经加料机构从左端上部加入，经过转筒内部时，与通过筒内的热介质（热空气）或加热的转筒壁面进行有效的接触而进行干燥，干燥后的物料则从出料管排出。转筒干燥器的主体是一个轴线与水平面有一定夹角的旋转圆筒。在干燥过程中，随着圆筒的缓慢转动，物料在自身重力作用下向较低的一端缓慢移动；湿物料在移动过程中直接或间接得到热载体的给热，使物料得到干燥。为了提高干燥速率，在筒壁内侧设置了抄板，抄板将物料抄起后又撒下，使物料与热载体的接触面增大，以此来提高物料的干燥速率和移动速度。如果载体是热空气，则干燥后废气需经处理达到排放标准时才能放入空气之中，以免造成环境污染。转筒干燥器适用于能自由流动的颗粒状物料，对流动状态不

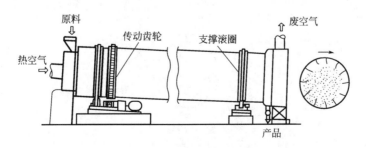

图 5-12 转筒干燥器外形

好的物料需经特殊处理，以避免物料在转筒内堆积。

转筒干燥器生产能力大，可连续操作；结构简单，操作方便，机械化程度高；故障少，维修费用低；适用范围广（如滤饼干燥）；操作弹性大；清扫容易。但设备庞大；安装、拆卸困难；热容量系数小，热效率低；物料在干燥器内停留时间长，且物料颗粒之间的停留时间差异较大，故不适于对温度有严格要求的物料。

转筒干燥器按照物料的加热方式分为直接加热式、间接加热式、复合式三种类型。

二、直接加热转筒干燥器

这种干燥器的载热体是以对流方式直接将热量传递给湿物料，根据热气流与物料的流向可分为逆流和并流两种。逆流干燥器操作后物料的含水量可以降到较低的数值，干燥器内传热和传质的推动力比较均匀。逆流操作适用于在等速阶段干燥速率不宜过快，而干燥后能耐高温的物料的干燥。图5-13是逆流转筒干燥器的简图，逆流式的高温热空气与含水量较低的出口湿物料接触，有可能将物料的温度升高，因此，有些产品有加热要求时可用逆流式。并流式是热空气与物料同方向前进，入口热空气温度较高，而物料的含水量也高，湿物料的温度几乎可以保持在湿球温度。在出口处的温度不会过分升高。并流操作适用于物料含水量较高时允许快速干燥，不致发生裂纹或焦化，而干燥后的物料不耐高温、吸湿性很小的物料的干燥。

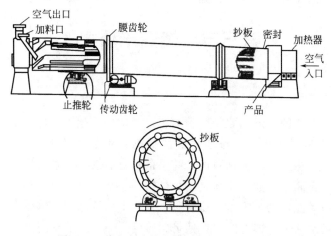

图 5-13　热空气直接加热的逆流转筒干燥器

转筒干燥器筒体内的抄板有多种形式，比较简单而常用的形式如图5-14所示，直边形的多用于含水量较大或黏性大的物料，带45°或90°弯角的便于向上带料，可用于较散的物料。

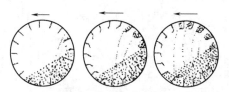

图 5-14　常用抄板形式

常规直接加热的逆流转筒干燥器的运转数据见表5-7，常规直接加热的并流转筒干燥器的运转数据见表5-8。

表 5-7 常规直接加热的逆流转筒干燥器的运转数据

物料种类	砂糖	PVC	无机盐	复合肥料	水泥原料	黏土
原料湿含量/%	3.5	2.9	4	16	7	6.7
产品湿含量/%	0.05	0.2	0.1	2	0.5	1.5
产品温度/℃	10	35	72	100		75
燃料的种类	蒸汽	蒸汽	蒸汽	重油	煤	煤
燃料消耗量/kg·h⁻¹	135		620	200		345
风量/kg·h⁻¹	4300	2040	11000	10000	27500	14844
入口空气温度/℃	80	95	142	330	880	700
产品处理量/kg·h⁻¹	3500	780	3000	7500	70000	20000
汽化水量/kg.h⁻¹	122	19.8	120	1040	4900	1280
体积传热系数/kW·m⁻³·℃⁻¹	0.29		0.07	0.209	0.129	
填充率/%	7		10	13.6		3.2
干燥时间/h	0.1	1~3	0.7	0.5		0.23
转筒转速/r·min⁻¹	9	2.6	2.5	7	2.5	1.8
回转所需功率/kW	1.49	7.45	11.2	22.4	37.3	18.6
干燥器直径/m	1.16	1.8	1.8	1.7	2.6	2.4
干燥器长度/m	5.5	10	12	15	20	18.2
安装倾斜度(高/长)	0.046	3/100	0.035	0.02	6/100	0.05
抄板数	16	18	12	12	12	10

注：表中数据引自《现代干燥技术》第二篇第6章。

表 5-8 常规直接加热的并流转筒干燥器的运转数据

原料种类	淀粉	粉状物料	有机粉体	复合肥料	煤	矿石
原料湿含量/%	74.3	72	40	15	25	30
产品湿含量/%	13.1	20	0.3	1.5	11	15
产品温度/℃	40	42	60	80	80	
燃料的种类	蒸汽	煤	蒸汽	煤气	煤、油	天然气
燃料消耗量/kg·h⁻¹	260	156	80	135	300	
风量/kg·h⁻¹	5000	8470	900	2260	10800	39000
入口空气温度/℃	135	165		950	500	600
产品处理量/kg·h⁻¹	243	466	30	6000	13500	10000
汽化水量/kg·h⁻¹	132	209		700	1690	2450
体积传热系数/kW·m⁻²·℃⁻¹	0.12	0.197				0.136
填充率/%	7.9	6.3	37.5	3	15	
干燥时间/h		2.1	0.42	0.5	2~3	
转筒转速/r·min⁻¹	3	4	0.25	3	3	4
回转所需功率/kW	3.73	3.73	3.73	55.9	22.4	22.4
干燥器直径/m	1.4	1.46	1.14	2.4	2.2	2
干燥器长度/m	11	12	12	25	17.5	20
安装倾斜度(高/长)	0	1/200	1/100	1/25	1/100	4/100
抄板数	24	24	8	4	12	12

注：表中数据引自《现代干燥技术》第二篇第6章。

三、间接加热式转筒干燥器

间接加热转筒干燥器是通过转筒壁间接地将热量以传导和辐射方式传递给湿物料，其特点是仅需少量空气作为物料蒸发的携带气体，因此，排气量少，尾气带走的热量少，热效率高，尾气湿度高，产生的粉尘少。这种干燥器有常规间接加热转筒干燥器和蒸汽管间接加热的转筒干燥器两种形式。

1. 常规间接加热转筒干燥器

常规间接加热转筒干燥器如图 5-15 所示。干燥筒砌在炉内，筒内设置一个同心圆筒，即双筒式。热风首先进入炉壁与旋转圆筒之间的环形间隙加热旋转圆筒，然后通过连接管进入中心管（内筒），自另一端排出干燥器。物料在转筒与中心管之间的环形空间通过。为了及时带走从物料中蒸发出的水分，可以用风机向物料侧通入少量的空气，以防水蒸气在器内再冷凝。在许多场合下，也可以不用排风机而直接采用自然风除去汽化的水分。常规间接加热转筒干燥器特别适合于干燥降速干燥阶段较长的物料，因为它可以在相当稳定的干燥温度下，使物料有足够的停留时间。

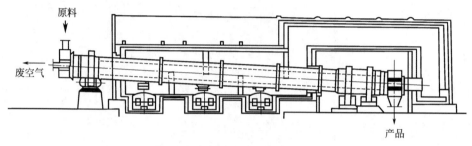

图 5-15　常规间接加热转筒干燥器

常规间接加热转筒干燥器的运转参数见表 5-9。

表 5-9　常规间接加热转筒干燥器的运转参数

物 料 种 类	硫铵	有机结晶物	焦炭	沥青土
原料湿含量/%	1.5	16	12~14	6
产品湿含量/%	0.1	0.2	1~2	1
产品温度/℃	70~80	120	120	90
燃料的种类	废热利用	电加热 27kW	煤气 950m²/h	煤 100kg/h
燃料消耗量				
风量/kg·h⁻¹	12200		28500	6000
入口空气温度/℃	170		670	800
产品处理量/kg·h⁻¹	10500	72	14000	9000
汽化水量/kg·h⁻¹		11.7	1500	450
体积传热系数/kW·m⁻²·℃⁻¹	0.083		0.09	0.02
填充率/%	15	4	23	21
干燥时间/h	0.15	0.3	0.5	0
转筒转速/r·min⁻¹	2.7	6	3.5	2
回转所需功率/kW		5.6	22.4	205
干燥器直径/m	2	0.5	2.2/0.9	2
干燥器长度/m	12	4.9	18	12
安装倾斜度(高/长)	1/12	0	1/25	4.3/5
抄板数		6	0/8	6/1

注：表中数据引自《现代干燥技术》第二篇第 6 章。

2. 蒸汽管间接加热转筒干燥器

这种干燥器的组成主要有进料输送器、回转圆筒、滚圈、加热管群等，如图 5-16 所示。在回转圆筒的内部以同心圆方式排列 1~3 圈加热管，其一端固定在干燥器出口处集管箱的排水分离室上；另一端可用热膨胀的结构安装在通气头的管板上。管群随圆筒一起做回转运动，载热体由干燥器一端进入，放出热量后从另一端排出。管群的热量主要通过传导和辐射的方式传递给物料。在干燥器内一方面进行煅烧，另一方面进行干燥，并设置自身返料装置。这种干燥器主要适用于重碱煅烧为纯碱的场合，其特点是效率高。

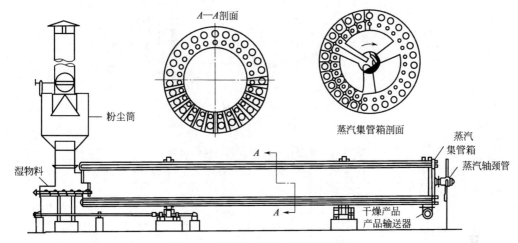

图 5-16　蒸汽管间接加热转筒干燥器

蒸汽管间接加热转筒干燥器的运转参数见表 5-10。

表 5-10　蒸汽管间接加热转筒干燥器的运转参数

物料种类	含水率/%		产品量 /kg·h⁻¹	干燥器尺寸/m		传热面积 /m²	蒸汽压力 /MPa	加热温度 /℃	转速 /r·min⁻¹
	原料	产品		直径	长度				
三聚氰酰胺	11.1	0.1	910	0.965	9	45	0.046	110	6
聚烯烃	43	0.1	1800	3.05	15	619	温水	90	2.5
氯乙烯	25	0.1	5000	2.44	20	585	温水	85	3
ABS 树脂	15	1	230	1.37	6	55	温水	80	5
季戊四醇	14.9	0.1	1200	1.37	10.5	84	0.2	132	5
氢氧化铝	13.6	0.1	3200	1.83	10.5	170	0.5	158	4
碳酸氢钠粉末	25	0.1	12500	1.83	20	510	1	183	4
大豆渣	18	15	15300	1.83	18	288	0.08	116	4.6
玉米酱	132.5	6.4	990	1.83	20	322	0.6	164	4
剩余的污泥	900	37	155	1.37	15	150	1	183	5

注：表中数据引自《现代干燥技术》第二篇第 6 章。

四、复合式转筒干燥器

这种干燥器一部分热量由载热体通过金属壁传递给物料，另一部分热量则由干燥载体直接与物料接触，是对流和传导两种传热方式的组合。它由燃烧炉、转筒、排风机、十字形管等组成，如图 5-17 所示，转筒由内、外两个圆筒组成。被干燥的物料沿着内、外圆筒之间的环形间隙缓慢移动，热风先穿过内筒，然后折回穿过环形空间而与物料接触进行干燥。因此物料一方面与物料直接接触进行热量的传导，另一方面又以对流的方式将热量传递给物料。

复合式转筒干燥器的运转参数见表 5-11。

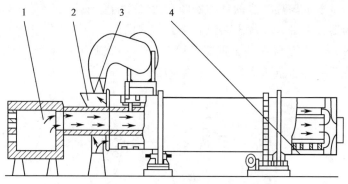

图 5-17　复合式传热圆筒干燥器

1—燃烧炉；2—排风机；3—转筒；4—十字形管

表 5-11　复合式转筒干燥器的运转参数

物料种类	磷肥	煤	焦炭	沥青土	调和黏土	黏土
原料湿含量/%	5.3	10	12～14	6	7	6.7
产品湿含量/%	0.1	0.2	1～2	1	0.5	1.5
产品温度/℃	80		120	90		75
燃料的种类	煤		煤气	煤	煤	煤
燃料消耗量/kg·h^{-1}	160		950m/h	100		345
风量/kg·h^{-1}	6500		28500	6000	27500	14844
入口空气温度/℃	650	770	670	800	880	700
产品处理量/kg·h^{-1}	12000	10000	14000	9000	70000	20000
汽化水量/kg·h^{-1}	640	980	1500	450	4900	1280
体积传热系数/kW·m^{-2}·℃$^{-1}$	0.108		0.09	0.02	0.129	
填充率/%	7.8		23	21		3.2
干燥时间/h	0.3		0.5	0.3		0.23
转筒转速/r·min^{-1}	4	2	3.5	2	2.5	1.8
回转所需功率/kW	14.9	22.4	22.4	20.1	37.3	18.6
干燥器直径(外/内)/m	2/0.84	2.1/0.85	2.2/0.9	2.4	2.6	2.4
干燥器长度/m	10	16	18	16	20	18.2
安装倾斜度(高/长)	1/20	5/100	1/25	4.3/100	6/100	0.05
抄板数(内筒外/外筒内)	8/16	12	0/8	6/12	12	10

注：表中数据引自《现代干燥技术》第二篇第 6 章。

第四节　带式干燥器

一、带式干燥器的工作原理及特点

1. 带式干燥器的工作原理

带式干燥器是最常用的连续式干燥器，一般由进料装置、传送带、空气循环系统和加热系统等组成。其工作原理如图 5-18 所示。湿物料被加料装置均匀分布到输送带上，输送带由调速装置驱动，使被干燥物料由进料端向出料端移动，干空气由风机输送，自上而下或自下而上穿过物料层，干燥后的空气湿度增加，其中一部分排出干燥箱体，另一部分则与新鲜空气混合，经加热器加热到所需的温度后由上部垂直向下穿过物料层，干燥后的产品则由出料口排出。带式干燥器广泛应用于食品、化纤、林业、制药、皮革以及化工行业中，特别适合于颗粒状、片状和纤维状物料的干燥，对于膏糊状物料，一般都要经过特殊设备预成形，这一步将是干燥成败的关键。

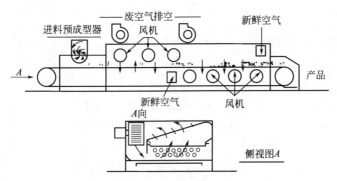

图 5-18 带式干燥器的工作原理

2. 带式干燥器的特点

① 被干燥物料是以静止状态置于输送带上进行干燥的，因此，物料无破碎等损伤，也有利于防止粉尘飞扬。

② 被干燥物料具有相同的干燥时间，能保证物料的色泽一致、含水率均匀。

③ 对于非通气性泥状物料，可在进料口成形制成直径为 3～8mm 的棒粒状，即可进行穿流式干燥，这样增大了空气与物料的接触面积，提高了干燥速率。

④ 采用多层或多级带式干燥器可使物料翻转或倒载，松动物料，增大比表面积，提高干燥率。

按照干燥介质与物料接触方式，可将带式干燥器分为对流型和传导型两种。

二、对流型带式干燥器

对流型带式干燥器有穿流循环式和水平式两种，穿流循环带式干燥器的结构特点是：输送带是由多孔的板或钢丝网制成的；热空气穿过多孔的输送带与物料逆流接触而将物料干燥。输送带的上方或下方分成若干个热风分布区，不同的区域相互隔开，但风量基本相同，而风的温度则可以根据物料湿含量的不同设定为不同的值。图 5-19 所示的是由上而下穿流的两个热风分布区域的带式干燥器，图 5-20 所示的是由上而下后又由下而上穿流的两个热风分布区域的带式干燥器。在这种干燥器中，空气流速一般为 0.6～1.5m/s，排出的空气湿度可以达到 0.04～0.2kg/kg（干空气）。输送带上的料层厚度为 12～50mm。并流带式干燥

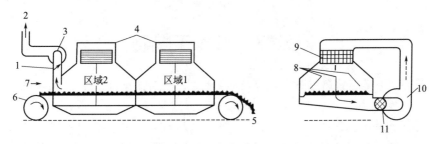

图 5-19 由上而下穿流的两个热风分布区域的带式干燥器

1—排放空气调节阀；2—排放空气；3—排风机；4,9—加热盘管；5—干燥产品；6—打孔的带；
7—预成形的湿物料；8—空气分布板；10—循环风机（每个区域一个）；11—空气入口和调节阀

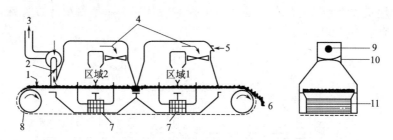

图 5-20 由上下后又由下而上穿流的两个热风分布区域的带式干燥器

1—预成形的湿物料；2—排放空气调节阀；3—排放空气；4—轴循环风机；5—空气入口和调节阀；

6—干燥产品；7,11—加热盘管；8—打孔的带；9—空气入口和调节阀；10—循环风机

器与穿流循环式不同的地方，在于热风在物料的上方逆流或并流流动，而且输送带上不打孔，该干燥器示意图如图 5-21 所示。

图 5-21 并流带式干燥器

三、传导型带式干燥器

如图 5-22 所示，传导型带式干燥器的输送带载料侧下面是多个沿着干燥器长度方向均布的蒸汽箱或蒸汽管束，干燥所需的热量由蒸汽侧通过传热壁面传给物料。如果物料在离开干燥器前需要冷却，可以在干燥器的最后一段设置冷却区，向管束或管箱内提供冷却水。有时干燥器内也可以设置远红外发射器，强化干燥过程。由于这种干燥器常在真空下操作，所以加料端和卸料端应保证有良好的密封结构。传导型带式干燥器一般没有固定的规格型号，通常根据具体生产条件来专门设计。典型的干燥器的尺寸是：长为 10m，宽为 2m。输送带一般由 8 段组成，每段 750mm，驱动辊直径 120mm。对于热敏性物料或者易氧化的物料，采用传导型干燥器比较适合，但是热效率低，清洗困难，工业生产中应用较少。

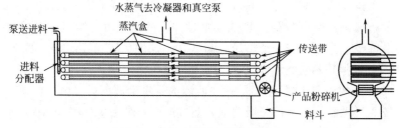

图 5-22 真空传导型带式干燥器

第五节 气流干燥器

气流干燥是一种连续高效的固体流态化干燥方法，它利用高速的热气流使泥状、块状或粉粒状的物料悬浮于其中，一边与热气并流输送，一边进行干燥。

气流干燥器的基本流程如图 5-23 所示，物料由加料斗 4 经螺旋加料器 5 送入气流干燥器 3 的底部。空气由风机 7 吸入，经过滤器 1 滤去其中的尘埃杂物，经预热器 2 加热到一定温度，进入气流干燥器 3，在气流干燥器中气流与物料接触，上升的气流带动物料并流向上，传热传质过程在接触中发生，水分蒸发进入热气流中，物料得到干燥。已干燥的物料颗

粒随热气流带出，进入分离器 6 中，在这里气流与固体颗粒得到分离。颗粒物料经气封 8 由出口 9 卸出，气体则由风机 7 排出。

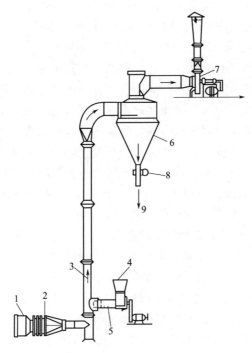

图 5-23 气流干燥器的基本流程

1—过滤器；2—预热器；3—气流干燥器；4—加料斗；5—螺旋加料器；

6—分离器；7—风机；8—气封；9—出口

气流干燥是在我国散粒状物料加工方面应用得比较早的干燥技术，实践证明气流干燥具有以下优点。

① 颗粒在气流中悬浮而且高度分散，使气、固两相接触面积加大，加上气、固相间有较高的相对速度，因此，气、固两相间的体积和面积传热系数大，所以干燥速度快、干燥强度高，可实现自动化连续生产。

② 干燥速度快，干燥时间短（秒级）。气流干燥管一般为 10～20m，常用风速 10～20m/s，因此，物料干燥时间仅为 0.5～2s。由于气、固两相接触时间短，湿物料即使在高温介质中进行干燥，物料温度仍很低，因此，可用于干燥热敏性或低熔点的物料。

③ 结构简单，制造方便，设备投资少，占地面积小，干燥处理量大，操作方便，性能稳定，维修量小。

④ 适应性广，对散粒状物料，其粒度最大可达 10mm，湿含量可在 10%～40% 之间。

⑤ 气流速度较高，气固并流操作，可使用高温气体作为干燥介质而不会烧坏物料。

但气流干燥物料停留时间短，只适合于干燥非结合水分的干燥；流动阻力较大，因而风机的动力消耗较高；颗粒破碎现象比较严重。

气流式干燥器的种类很多，根据固体物料进料方式分为直接进料气流干燥器、带有分散器的气流干燥器和带有粉碎机的气流干燥器；按干燥器形状分为直管式气流干燥器、脉冲式气流干燥器、倒锥式气流干燥器和套管式气流干燥器；按进气气流运动方式分为环形气流干燥器、旋风式气流干燥器、旋转气流快速干燥器、文丘里气流干燥器等。

一、直管式气流干燥器

直管式气流干燥器的结构非常简单，由管径为 $\phi300\sim500mm$、管长为 $10\sim20m$ 的等径管组成。直管式气流干燥器是气流干燥器使用最广泛的一种，它的结构非常简单，容易制造，产量最大可达 6t/h，但因干燥管过长，安装调试不便。

当物料刚进入干燥管而处于进料部位时，颗粒的上升速度为零，颗粒与上升气流之间的相对速度最大，随着颗粒被上升气流不断加速，两者间的相对速度随之减小，直到颗粒与气流的相对速度等于颗粒在气流中的沉降速度时，颗粒进入等速阶段，并保持至干燥出管口。物料在干燥管内分为加速运动和等速运动两个阶段。颗粒在加速运动阶段时，气、固两相间的相对速度大，温差较大，单位干燥管体积内具有较大的传热传质面积，使得加速阶段具有较高的传热速率和干燥速度。在等速阶段，由于气流与颗粒的相对速度不变，颗粒已具有最大上升速度，与加速阶段相比，单位干燥管体积内具有的颗粒表面积较小，所以该阶段的传热传质速率较低。

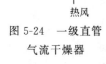

图 5-24　一级直管气流干燥器

1. 一级直管气流干燥器

一级直管气流干燥器的结构如图 5-24 所示，由预热器、过滤器、气流干燥器、风机、分离器和螺旋加料器等组成。

2. 二级直管气流干燥器

气流干燥由于风速高，干燥时间短，排出的尾气温度高湿度低，热利用率较差。为了提高，气流干燥器的效率，充分利用废气的余热，多采用二级或多级气流干燥技术，干淀粉的工艺流程如图 5-25 所示。二级直管气流干燥器由螺旋加料器、加热器、鼓风机、一级干燥管、二级干燥管、旋风分离器等组成。它的工作原理是将风机置于一级与二级干燥管之间，湿物料先由第二级干燥管排出的高温（并具有一定相对湿度）尾气与补充热空气的混合气体进行一级干燥，一级干燥的半成品由新鲜热空气进行二级负压干燥，最终获得干燥产品。补充的热空气可以进行调节，一般进入二级干燥管与进入一级干燥管的热风量为6：4或7：3。

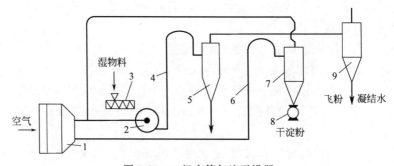

图 5-25　二级直管气流干燥器

1—空气加热器；2—风机；3—螺旋加料器；4——级干燥管；5——级旋风分离器；
6—二级干燥管；7—二级旋风分离器；8—出料器；9—除尘装置

二、脉冲型气流干燥器

对于直管干燥器，加速段虽然在整个直管中所占的比例较少，但除去的湿分在整个所除湿分中占的比例却很大，为了充分利用颗粒的加速运动阶段来强化气流的干燥过程，采用脉冲型干燥器不失为一种好的方法。脉冲气流干燥器是将干燥器的管径交替扩大和缩小，使颗粒在运动中不断被加速和减速，其结构如图 5-26 所示。

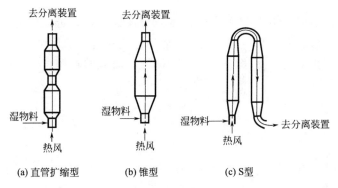

图 5-26　脉冲气流干燥器

干燥时，物料首先进入管径较小的一段，在高速气流的作用下进行加速运动，当加速运动接近终了时，干燥管直径又突然增大，使气流速度突然降低，此时由于颗粒的惯性作用，其运动速度反而大于气流速度。但由于颗粒自身重力和阻力的影响，颗粒速度会逐渐下降，直到颗粒与气流间的速度再一次相等时，管径又再度突然缩小，使颗粒又处于被加速的状况。这种干燥器的干燥管直径是交替变化的，颗粒始终处于加速和减速的交替变化中，由此使得传热效果较差的等速阶段不再出现，传热效果得到强化，因而得名为脉冲干燥器。

三、倒锥型和套管型气流干燥器

倒锥型气流干燥器的结构都比较简单，如图 5-27 所示，其管径沿气流方向均匀扩大，使气流速度在流动过程中逐渐减小，使不同大小的颗粒在不同高度处于悬浮状态。由于颗粒湿分的蒸发，其质量变小，并逐渐上浮，直至干燥程度达到要求时，被气流带出锥外。倒锥型气流干燥器增加了物料在干燥管中的停留时间，由此能够减小管子的长度。

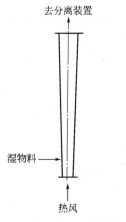

图 5-27　倒锥型气流干燥器

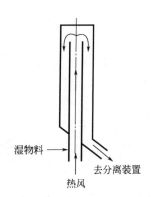

图 5-28　单套管型气流干燥器

套管型气流干燥器是由内、外套管组合而成的，分为单套管和双套管。单套管结构如图5-28所示，工作时物料与气流都由下部进入，然后由顶部导入内、外管的环隙内再排出。该种结构可避免内管的热损失，其热效率高，并可适当减小干燥管的长度。与直管式相比具有热损失少、效率高等优点，但也存在堵塞现象。

四、旋转气流干燥器

旋转气流干燥器结构如图 5-29 所示，与旋风分离器相似，进气管与干燥器壁相切，气流带着固体颗粒从切向进入，沿管壁产生旋转运动，使物料处于悬浮、旋转状态。由于切线运动，使气相与固相相对速度大大增加，同时加剧了颗粒的粉碎，气、固两相接触面积增大，强化了干燥过程。

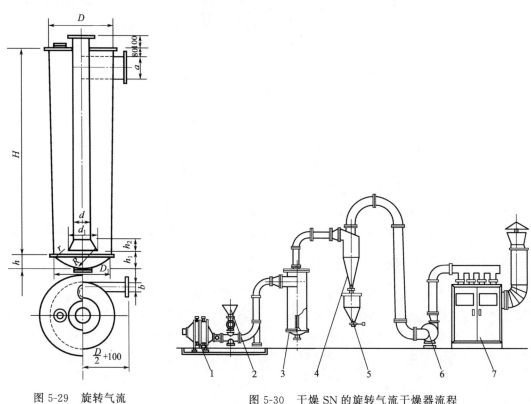

图 5-29　旋转气流
干燥器结构

图 5-30　干燥 SN 的旋转气流干燥器流程
1—空气预热器；2—加料器；3—旋风气流干燥器；4—旋风除尘器；
5—储料斗；6—鼓风机；7—袋式除尘器

旋转气流干燥器具有热效率高，干燥强度大的特点，适用于处理颗粒状的非黏性物料，如硫酸铝、铜粉、活性炭、硫铁矿、橡胶粒、碎稻草等。干燥 SN 的旋转气流干燥器流程如图 5-30 所示。

第六节　喷雾干燥器

一、喷雾干燥原理及特点

1. 喷雾干燥原理

喷雾干燥器的工作原理如图 5-31 所示，雾化器将被干燥物料雾化为雾滴，然后雾滴进入干燥器内与热介质直接接触被干燥成固体产品。被干燥料液可以是溶液、乳浊液或悬浮液，也可以是膏状、熔融物或滤饼。根据需要，干燥产品可制成粉状、颗粒状、空心球状或团体状。

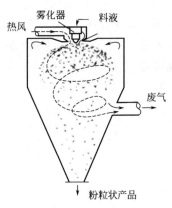

图 5-31 喷雾干燥器工作原理

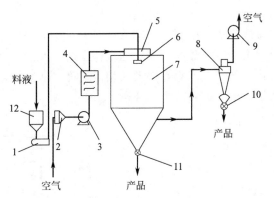

图 5-32 喷雾干燥工艺流程

1—供料系统；2—空气过滤器；3—鼓风机；4—空气
加热器；5—热风分离器；6—雾化器；7—干燥室；
8—旋风分离器；9—引风机；10,11—卸
料阀；12—料液储罐

2. 喷雾干燥的工艺流程

图 5-32 所示的是一个典型的喷雾干燥的工艺流程。原料液由泵送至雾化器；干燥过程所需的新鲜空气，经过滤后由鼓风机送至空气加热器中加热到所要求的温度再进入热风分离器；经雾化器雾化的雾滴和来自热风分离器的热风在干燥室中相互接触，雾滴得到干燥；干燥的产品一部分由干燥器底部经卸料阀排出，另一部分与废气一起进入旋风分离器分离出来；废气经引风机排空。

3. 喷雾干燥的特点

① 由于雾滴群表面积/体积比很大，物料干燥所需的时间很短（通常 15～30s）、干燥速度快。料液经离心喷雾后，在高温气流中，瞬间就可蒸发 95%～98% 的水分，完成干燥时间仅需数秒钟。

② 生产能力大，产品质量高。每小时喷雾量可达几百吨。虽然热风的温度较高，但由于热风进入干燥室内立即与雾滴接触，室内温度急降，而物料的湿球温度基本不变，因此，特别适宜于热敏性物料的干燥。

③ 调节方便，可以在较大范围内改变操作条件以控制产品的质量指标，如粒度分布、湿含量、生物活性、溶解性、色、香、味等。

④ 简化了工艺流程，可以将蒸发、结晶、过滤、粉碎等操作过程用喷雾干燥操作一步完成。

⑤ 当干燥介质入口温度低于 150℃时，干燥器的容积传热系数较低，所用设备比较庞大，干燥介质消耗量大，动力消耗大。

⑥ 用于细粉产品生产时，需要高效分离设备，以避免产品损失和污染环境。

二、雾化器的结构

雾化器是喷雾干燥器的关键部件，常用的雾化器有气流式雾化器、压力式雾化器和旋转

式喷雾器。

1. 气流式雾化器

气流式雾化器（又称为气流式喷嘴）采用压缩空气（或水蒸气）以很高的速度从喷嘴喷出，靠气、液两相间的速度差所产生的摩擦力，使料液分裂为雾滴。图 5-33 所示的是一种二流体喷嘴，中心管（即液体喷嘴）走料液，压缩空气走环隙，当气、液两相在端面接触时，由于从环隙喷出的气体流速很高（200～340m/s），而液体流速只有 2m/s 左右，因此，气体与料液之间存在很大的相对速度，从而产生很大的摩擦力将料液撕裂为细小雾滴。所用压缩空气压力一般为 0.3～0.7MPa。

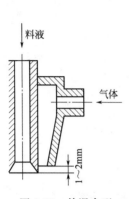

图 5-33　外混合型
二流体喷嘴

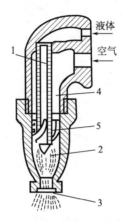

图 5-34　内混合型二流体喷嘴
1—液体通道；2—混合室；3—喷出口；
4—气体通道；5—导向叶片

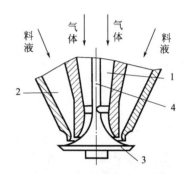

图 5-35　外混合冲击型二流体喷嘴
1—气体通道；2—液体通道混合室；
3—冲击板；4—固定柱

气流式雾化器的使用范围广，操作弹性大，结构简单，维护方便。但动力消耗大，是压力式喷嘴或旋转式雾化器的 5～8 倍。它主要用于雾化高黏度的料液，如尿素、药品等。

（1）二流体喷嘴　是指具有一个气体通道和一个液体通道的喷嘴，根据其混合形式又可分为外混合型、内混合型及外混合冲击型等。

① 外混合型二流体喷嘴　气、液两相在喷嘴出口外部接触、雾化。外混合型有两种结构形式，一种是气体与喷嘴出口端面在同一平面上；另一种是图 5-33 所示的液体喷嘴高出气体喷嘴 1～2mm。

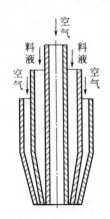

图 5-36　三流式喷嘴

② 内混合型二流体喷嘴　气液两相在喷嘴混合室内混合后从喷嘴喷出，如图 5-34 所示。

③ 外混合冲击型二流体喷嘴　其结构如图 5-35 所示，气体从中间喷出，液体从环隙喷出，然后气、液一起与冲击板碰撞。

（2）三流体喷嘴　指具有三个流体通道的喷嘴，如图 5-36 所示。其中一个为液体通道，两个为气体通道，液体被夹在两股气体通道之间，被两股气体雾化，雾化效果比二流体喷嘴要好。主要用于难以雾化的料液或滤饼（不加水直接雾化）的喷雾干燥。

此外，还有四流体喷嘴和旋转-气流杯雾化器等。

气流式雾化器具有结构简单、操作压力低、适用范围广、操作弹性大的优点；但也存在雾化所用空气消耗的动力大的缺点。

2. 压力式雾化器

压力式雾化器（又称压力式喷嘴）是采用高压泵使高压液体通过喷嘴时，将静压能转变为动能而高速喷出并分散为雾滴。压力式喷嘴在结构上的特点是使液体获得旋转运动，即液体获得离心惯性力，然后经喷嘴高速喷出。压力喷雾器结构简单，维修装拆方便，与气流式相比大大节省雾化用动力；但需用高压泵，喷嘴磨损大，物料易堵塞喷嘴，高黏性的物料不易雾化等。因此仅适用于黏度较低的物料。

压力式雾化器可分为旋转型、离心型和压力-气流型。

图 5-37 为旋转型压力喷嘴，有一个旋涡室和一个液体进入旋涡室的切线入口，主要由管接头、螺母、孔板、旋塞、喷嘴等组成。操作时将料液用高压泵在 2～20MPa 压力下由切向入口送入旋转的雾化室，料液在旋转室中做旋转运动，根据旋转动量矩守恒定律，旋转速度与旋转半径成反比，愈靠近中心速度愈大，但静压却愈小，结果在中央形成一股压力等于大气压的空气旋流，液体则形成绕空气旋转的液体薄膜，液体的静压力转变为向前运动的液膜动能，最后从喷嘴高速射出，液膜伸长变薄，最后分裂为小雾滴。这样形成的雾滴群的形状为空心圆锥形，亦称空心锥喷雾。压力喷雾器也是滴状、丝状及膜状分裂形式，工业中所用压力喷嘴，通常是在膜状分裂条件下操作。

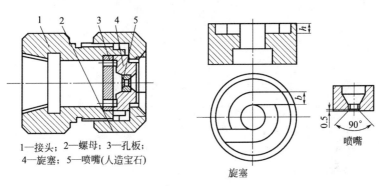

1—接头；2—螺母；3—孔板；
4—旋塞；5—喷嘴（人造宝石）

图 5-37 旋转型压力喷嘴

3. 旋转式雾化器

旋转式雾化器又称转盘式雾化器，其工作原理如图 5-38 所示。工作时用泵将料液送到高速旋转的转盘上，由于离心力的作用，料液在旋转表面上伸展为薄膜，并不断增长到转盘的边缘，当料液离开边缘时，液体被雾化。雾滴大小的均匀性，主要取决于转盘的运动速度和液膜的厚度。而液膜厚度主要取决于进料量、转盘的润湿程度和转盘的转速。旋转式雾化器喷嘴结构如图 5-39 所示。

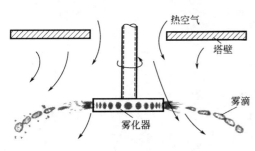

图 5-38 旋转式雾化器工作原理

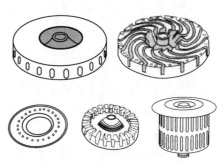

图 5-39 旋转雾化器喷嘴结构

旋转式雾化器生产能力调节范围大，雾化量可以在 6kg/h～200t/h 内调节，而且雾滴尺寸也可以根据需要进行调节；但它的结构较为复杂，需要传动装置，对加工要求高。适用于黏性高的料液的雾化。

同步练习

一、填空题

5-1 化学工业中常用的除湿方法有_____、_____、_____。通常把采用热物理方式将热量传给含水的物料并将此热量作为潜热而使水分蒸发、分离操作的过程称为_____。干燥的目的有_____、_____、_____和提高产品质量。

5-2 干燥操作按操作压强分类可分为_____；按操作方式分类可分为_____；按传热方式分类可分为_____。

5-3 名词解释：绝对湿度_____，湿空气比体积_____，相对湿度_____，焓_____，露点_____，泡点_____。

5-4 从干燥速率曲线上可以看出，干燥过程可分为_____、_____、_____三个阶段。

5-5 厢式干燥器的种类按热风的流动方式可分为_____、_____、_____。

5-6 按照干燥介质与物料接触方式，可将带式干燥器分为_____、_____两种。

5-7 气流式干燥器根据固体物料进料方式分为_____；按干燥器形状分为_____；按进气气流运动方式分为_____等。

5-8 雾化器是喷雾干燥器的关键部件，常用的雾化器有_____、_____、_____。

二、选择题

5-9 利用水环式真空泵或水力喷射泵抽湿、抽气，使物料在干燥室内处于真空状态下加热干燥的厢式干燥器称为_____。

A. 穿流强制循环厢式干燥器   B 真空厢式干燥器   C. 喷雾干燥器

5-10 气流干燥器属于_____。

A. 辐射干燥器   B. 传导干燥器   C. 对流干燥器

5-11 带式干燥器是一种常用的_____干燥器。

A. 连续式   B. 间歇式   C. 间断式

三、问答题

5-12 常用的对流干燥有哪些类型？

5-13 对干燥器的主要要求是什么？

5-14 什么是平衡水分、自由水分、结合水分及非结合水分？如何区分？

5-15 厢式干燥器是由哪几部分组成？它是如何进行工作的？厢式干燥器有哪些优缺点？有哪几种典型的厢式干燥器？

5-16 转筒干燥器由哪几部分组成？它有什么优缺点？转筒干燥器有哪些种类？它们各

有什么结构特点？并简述它们各自的工作原理。

5-17　带式干燥器主要由哪些部分组成？是如何工作的？带式干燥器有何特点？

5-18　气流干燥器是如何工作的？有什么优缺点？

5-19　喷雾干燥有何特点？

5-20　旋转式雾化器由哪几部分组成？是如何实现物料的干燥？

REFERENCE 参考文献

［1］ 朱家骅，叶世超等编 . 化工原理 . 第 2 版 . 北京：科学出版社，2005.

［2］ 陈敏恒，丛德滋等编 . 化工原理 . （上、下册）. 第 2 版 . 北京：化学工业出版社，2000.

［3］ 王志魁主编 . 化工原理 . 第 3 版 . 北京：化学工业出版社，2004.

［4］ 曹玉璋，传热学 . 北京：航空航天出版社，2001.

［5］ 柴诚敬，张国亮主编 . 化工流体流动与传热 . 北京：化学工业出版社，2000.

［6］ 王纬武主编 . 化工工艺基础 . 北京：化学工业出版社，2004.

［7］ 秦叔经，叶文邦主编 . 化工设备设计全书 . 换热器 . 北京：化学工业出版社，2003.

［8］ 邢晓林主编 . 化工设备 . 北京：化学工业出版社，2005.

［9］ 马秉骞主编 . 化工设备 . 北京：化学工业出版社，2009.

［10］ 董大勤主编 . 化工设备机械基础 . 北京：化学工业出版社，2003.

［11］ 郑津洋，董其伍，桑芝富主编 . 过程设备设计 . 第 3 版 . 北京：化学工业出版社，2003.

［12］ 王绍良主编 . 化工设备基础 . 北京：化学工业出版社，2004.

［13］ 卓震主编 . 化工容器及设备 . 北京：中国石化出版社，2008.

［14］ 张麦秋，朱爱霞主编 . 化工机械制造安装修理技术 . 北京：化学工业出版社，2008.

［15］ 崔继哲，陈留柱主编 . 化工机械检修技术问答 . 北京：化学工业出版社，2000.

［16］ 崔继哲主编 . 化工机器与设备检修技术 . 北京：化学工业出版社，2000.

［17］ 王勇主编 . 换热器维修手册 . 北京：化学工业出版社，2010.

［18］ 王壮坤主编 . 化工单元操作技术 . 第 2 版 . 北京：高等教育出版社，2013.

［19］ 刘相东，于才洲，周德仁主编 . 常用工业干燥设备及应用 . 北京：化学工业出版社，2004.

［20］ 刘同卷主编 . 干燥工 . 北京：化学工业出版社，2008.

［21］ 潘永康，王喜忠主编 . 现代干燥技术 . 北京：化学工业出版社，1998.